KB261560

집안에
숲을 들이다
힐링 원예

집 안에
  숲을 들이다
힐링 원예

초판 1쇄 발행 2015년 6월 15일
초판 3쇄 발행 2020년 10월 27일

지은이 김혜숙
펴낸이 양동현
펴낸곳 아카데미북
　　　　출판등록 제307-2012-7호
　　　　02382, 서울 성북구 동소문로13가길 27
　　　　전화 02) 927-2345 팩스 02) 927-3199

ISBN 978-89-5681-158-1 / 13520

✽ 잘못 만들어진 책은 구입한 곳에서 바꾸어 드립니다.

www.iacademybook.com

이 도서의 국립중앙도서관 출판시도서목록(CIP)은
e-CIP홈페이지(http://www.nl.go.kr/ecip)와 국가자료공동목록시스템(http://www.nl.go.kr/kolisnet)에서
이용하실 수 있습니다. CIP제어번호 : CIP2015015673

집안에 숲을 들이다

힐링 원예

김혜숙 지음

아카데미북

Healing Garden
머리말

영국 BBC 방송 다큐멘터리에서 〈행복 10계명〉을 방영한 적이 있습니다. 그중 하나가 "작은 화분 하나라도 식물을 가꾸라"라는 것이었습니다. 이는 식물과의 교감으로 사람이 행복해질 수 있다는 의미였습니다.

중학교 시절 어느 날, 우연히 온실에서 고무나무 줄기를 잘라 모래에 꽂는 것을 보았습니다. 얼마가 지나자 그 고무나무에는 뿌리가 생겼습니다. 그때 느낀 그 신기함과 경이로움이 먼 훗날 제 인생을 결정하는 계기가 되었습니다.

오늘도 저는 한 평 남짓한 아파트 베란다에서 제 삶을 보듬어 주는 꽃 한 송이를 키웁니다. 화초를 가꾸는 일은 곧 제 삶을 돌보는 것이지요. 싹이 나오고 꽃이 필 때면 제 가슴 밑바닥에서부터 전율이 느껴질 정도로 설레며, 살아 있다는 사실에 감사함을 느낍니다.

서울에서만 살았던 제가 원예를 공부하다 보니 처음에는 하나부터 열까지 모르는 게 정말 많았습니다. 그때부터 지금까지 늘 수많은 책을 보고 배우며, 시행착오를 겪는 과정의 연속이었습니다. 이렇게 식물을 키우면서 느끼는 어려움을 누구보다 잘 알고 있기에 원고를 준비하는 내내 쉽고 재미있게, 혼자서도 충분히 습득할 수 있는 책으로 만들고자 노력했습니다. 특히 식물을 좋아하지만 선뜻 도전하기 어려워 포기하셨던 분들께 도움이 되기를 바라는 마음입니다.

이 책은 원예의 기초 이론과 지식을 자세하게 다루고, 각 식물의 특징을 나열하여 초보자들도 쉽게 다가갈 수 있도록 구성했습니다. 그리고 테라리움 · 디시가든 · 암석정원 · 토피어리 등 실내 정원 꾸미는 법까지 상세하게 설명했습니다. 또한 관엽식물과 초화류와 꽃나무를 다룬 식물도감을 보고 있으면 눈이 즐겁고 마음이 풍요로워질 것입니다.

　오랫동안 대학교에서 수업을 하고 학생들을 가르치면서 느낀 점은 이론과 실습이 동반되어야 한다는 것입니다. 어느 한쪽만 잘하는 것은 반쪽짜리에 불과하다고 생각합니다. 이론과 더불어 많은 작품을 함께 수록하여 실습에 도움을 주고자 했습니다.

　이 책을 통해 여러분들의 삶 속에 풀 한 포기의 행복을 가꾸신다면 이 책을 발간한 보람을 느낄 것입니다. 가슴으로 느끼는 책, 오랫동안 간직하고 두고두고 보는 책이 되길 바랍니다.

김혜숙

제2장 식물의 분류

제3장 실내 정원(그린 인테리어)

Healing Garden

제1장

원예의 기초

물

'물 주기 3년'이라는 말이 있다. 물 주기만 잘해도 50%를 성공했다고 할 만큼 식물을 키우는 데 물 주기가 중요하다는 뜻이다. 그중에서도 가장 중요한 것은 '언제 물을 주는가'이다. 잎을 관상하는 관엽식물·잎과 줄기가 두꺼운 다육식물·뿌리가 굵은 난 종류 등 식물의 종류에 따라 물 주는 횟수가 다르고, 식물이 자라는 장소, 햇빛이 드는 방향, 아파트라면 층수에 따라 햇빛이 드는 시간(일조시간)과 세기(광도)가 다르므로 이에 따라 물 주는 횟수가 달라진다. 그 밖에 계절, 습도, 화분의 종류, 식물의 크기, 토양의 종류에 따라 각각 달라진다. <u>원칙적으로는 잎이 얇고 뿌리가 가는 것은 자주 주고, 잎이 두껍고 뿌리가 굵은 것은 더디게 준다.</u>

표 1–1 종류에 따른 물 주기 원칙

구 분	자주 물 주기	더디게 물 주기
식물 종류	관엽식물	난 / 다육식물
잎 두께	얇다	두껍다
뿌리 굵기	가늘다	굵다
장소	창가	그늘
계절	여름	겨울
대기 습도	낮을 때(맑은 날)	높을 때(흐린 날)
화분의 종류	토분	도자기분
식물 크기	작은 것	큰 것
토 양	모래	진흙

잎이 두꺼운 것 - 페페로미아

잎이 얇은 것 - 뮤렌베키아(유통명:트리안)

가는 뿌리 - 마삭줄

굵은 뿌리 - 양란

물 주는 요령

겉흙이 마르면 준다

흙에 수분이 너무 많으면 공기가 골고루 순환되지 못
해서 뿌리에 산소를 충분히 공급하지 못하고, 뿌리의
호흡률이 나빠져 결국 뿌리가 부패하는 원인이 된다.

물을 충분히 준다

물을 줄 때 화분 바닥으로 물이 흘러나오도록 흠뻑 주
어야 흙 속의 공기를 바꾸는 효과를 볼 수 있다.

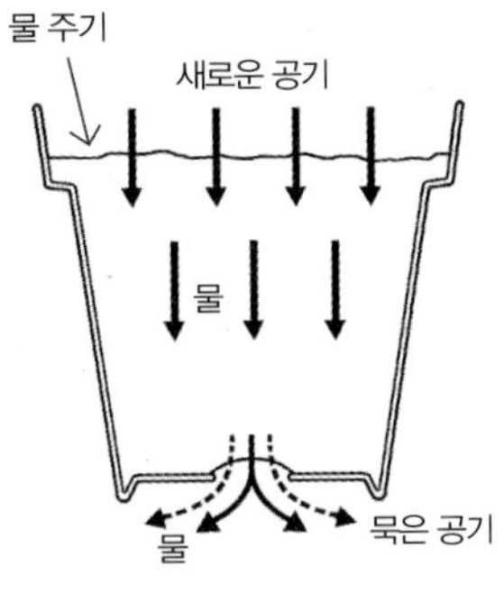

물을 주면 새 공기가 들어간다.

화분에 흙을 적당히 채운다

흙이 너무 많아서 화분 위까지 올라오면 워터 스페이스(water space, 물이 스며드는
공간)가 부족해서 물이 안으로 스며들지 못한다. 반대로 흙이 적으면 뿌리가 쉽게 마
를 수 있다. 즉, 화분에 흙을 적당량 채워서 여유 공간을 두고, 물을 줄 때는 흙이 바
깥쪽으로 튀지 않고 속까지 잘 스며들 수 있도록 천천히 준다.

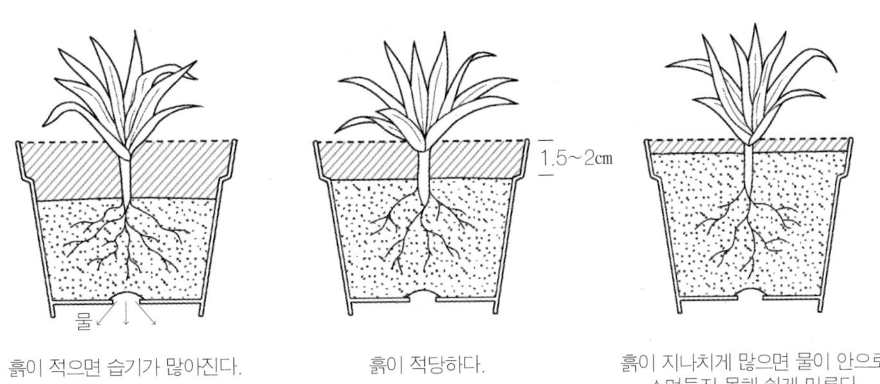

흙이 적으면 습기가 많아진다.　　흙이 적당하다.　　흙이 지나치게 많으면 물이 안으로
스며들지 못해 쉽게 마른다.

물의 온도를 맞춘다

지나치게 차가운 물을 주면 뿌리가 냉해를 입게 되므로 20℃ 전후로 수온을 맞추는
것이 좋다. 겨울철에는 물을 받아 하루 정도 햇빛에 두었다가 사용한다.

　물을 주는 시간도 중요한데, 겨울철에는 오전 10시쯤에 주는 것이 가장 좋다. 오후
에 주면 온도가 서서히 내려가면서 뿌리가 냉해를 입게 된다. 반면, 여름철에는 해
뜨기 직전이나 해가 진 뒤에 주는 것이 좋다. 한낮에 주면 화분 속의 온도가 높아져
뿌리가 상한다.

토양 속에 적당한 수분을 유지한다

흙 속에 물이 적으면 잎은 잘 자라지 못해서 빈약하고 볼품이 없으며 뿌리만 기형적으로 발달한다. 즉 잎에 비해 뿌리가 발달하여 T/R률(ratio of top to root, 지상부/지하부)이 감소한다. 반면에 흙 속에 물이 필요 이상으로 많으면 뿌리는 잘 자라지 못하고 잎만 무성하게 발달해서 균형을 이루지 못한다. 잎과 뿌리가 1 : 1로 균형 있게 잘 자라기 위해서는 흙이 늘 적당한 수분을 유지해야 한다. 그러므로 식물과 화분의 크기를 적절하게 맞춰 심는 것이 적절한 수분 유지를 위해 중요한 요소가 된다.

뿌리의 물 흡수력

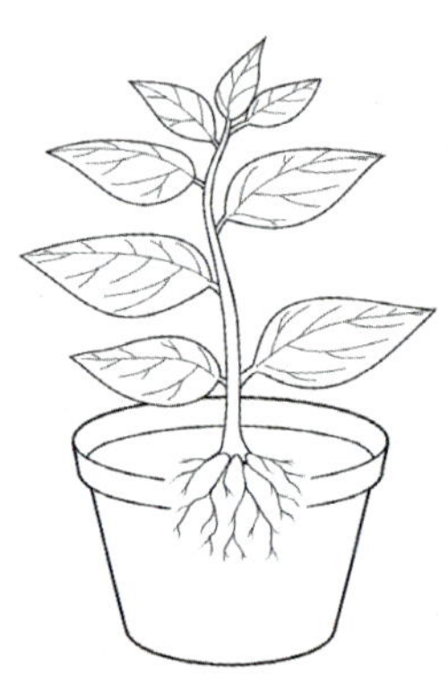

흙 속에 물이 적으면 토립의 수분 흡착력이 강해져 뿌리만 발달한다.

흙 속에 물이 많으면 토립의 수분 흡착력이 약해져 뿌리는 발달하지 않는다.

화분 속에 물이 적당할 때

흙이 바싹 마르면 흙과 화분 사이에 틈이 생겨 물을 주면 곧 흘러 내려간다. 특히 피트모스peat moss는 건조하면 물을 흡수할 수 없으므로 물이 담긴 대야에 담가 둔다. 또한 흙 속에 물이 적을 때 강한 햇빛을 받으면 흙 온도가 60~70℃까지 올라가 생장이 억제되고 광합성량보다 호흡량이 많아져 영양 결핍이 생긴다.

물 주기와 뿌리의 발달

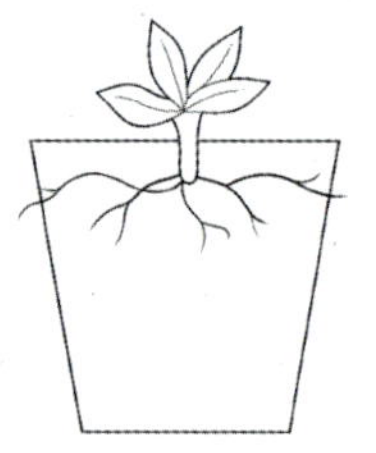

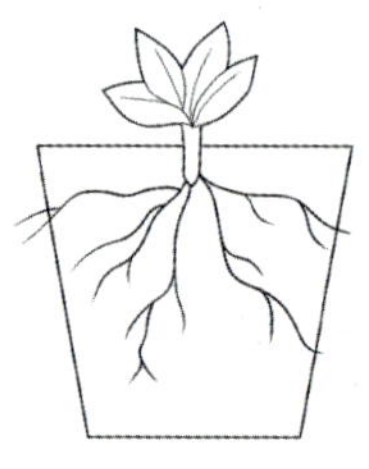

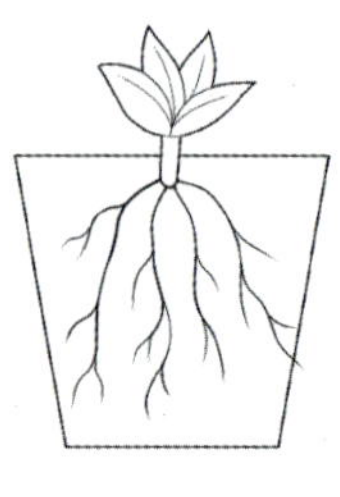

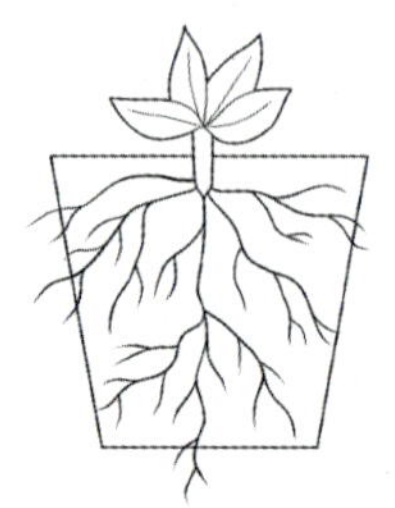

물 주기 부족

보통 물 주기

물이 많음

적당한 물 주기

수돗물, 샘물, 빗물, 시냇물 모두 가능하다

빗물은 산소량이 많고 질소 성분이 약간 있어서 가장 좋지만 대기 오염으로 인해 산성화되어 식물에 피해를 준다. 샘물이나 시냇물도 얼마든지 쓸 수 있지만, 수돗물은 소독 처리를 하기 때문에 염소가 많아 어린 모종과 잎에 피해를 줄 수 있으므로 하루 동안 받아 두었다가 사용한다.

저면 관수를 한다

오랫동안 집을 비우거나 물 관리를 제대로 할 수 없는 경우에 사용하는 방법이 저면 관수다. 저면 관수는 큰 용기에 물을 채운 뒤 그 안에 화분을 넣어 아래에서 물을 흡수하게 하는 방식으로 어쩔 수 없는 경우에 유용하지만 장기간 저면 관수를 하면 뿌리가 썩는다.

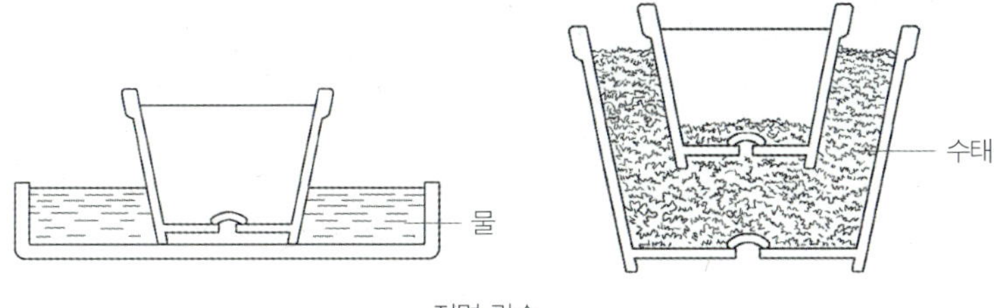

저면 관수

물을 세게 주지 않는다

물을 세게 주면 흙탕물이 튀어 잎에 닿게 된다. 흙탕물은 병충해의 원인이 되고 또 잎의 숨구멍을 막아 호흡에 지장을 준다. 따라서 물을 줄 때는 한 손으로 물뿌리개 끝을 잡고 천천히 준다.

물 주기 횟수를 줄인다

식물이 휴면하는 동안에는 물 주는 횟수를 점차 줄여 주어야 한다.

표 1-2 물이 식물에 미치는 영향

물 부족	물 과잉
• 아랫잎이 빨리 떨어지고 오므라들거나 노랗게 된다. • 잎 가장자리가 갈색이 되고 말라 간다. • 꽃의 색깔이 퇴색되고 꽃봉오리가 빨리 떨어져 버린다. • 잎이 갑자기 시들고 생장이 늦어진다.	• 잎이 연약해지고 표면에 반점이 생긴다. • 잎이 노랗게 되고 성장이 나빠진다. • 뿌리가 썩는다. • 꽃에 곰팡이가 생긴다.

예외적인 경우의 물 주기

잎에 물을 뿌려 주는 경우

봄철 실내가 건조할 때 잎에 물을 뿌려 주면 공중 습도를 높여 잎 끝이 마르지 않는다. 잎이 건조하면 잎 뒷면에 깍지벌레, 응애(mite : 기생거미류)가 생기는데, 물을 뿌리면 이를 예방할 수 있다. 또한 잎에 쌓인 먼지를 제거해 주어 아름다운 잎을 감상할 수 있다.

뿌리가 부패하여 시드는 경우

식물이 건강하게 생육하지 못하고 상태가 나빠지는 가장 큰 원인은 뿌리에 있다.
- 물이 과다하여 뿌리가 호흡할 수 없을 때
- 토양 입자가 미세하여 공기가 들어가지 못해 공극 막힘 현상이 생길 때
- 비료를 과도하게 주어 직접 뿌리에 닿았을 때
- 토양 건조가 심할 때
- 물 부족에 민감한 식물 : 콜레우스, 임파첸스, 프리뮬러, 부처손

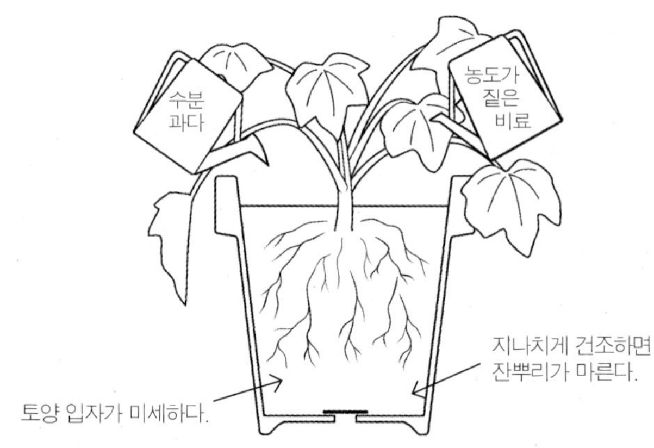

선인장, 다육식물 물 주기

잎과 줄기에 물을 저장할 수 있는 저수조직이 발달되어 있으므로 흙이 말랐다고 하더라도 장마철과 같이 대기 습도가 높을 때는 물을 주지 않는다. 낮은 온도에서 월동시킬 때는 물을 거의 주지 않는다.

서양란류 물 주기

꽃이 핀 뒤에는 물을 적게 준다.

수생식물 물 주기

뿌리에 통기 조직이 발달되어 물에 잠겨 있어도 썩지 않는다.

털이 있는 식물 물 주기

잎에 솜털이 있는 아프리칸 바이올렛·렉스 베고니아·글록시니아 등은 잎에 물이
닿으면 치명적일 수 있다. 따라서 잎과 꽃에 물이 닿지 않도록 주의하며 물을 흙에
직접 준다.

잎에 솜털이 있는 아프리칸 바이올렛

글록시니아

집을 오래 비울 때는 물 주기 도구인 청색 유리 볼 속에 물을 채운 뒤 거꾸로 꽂아 놓는다.

토양

토양은 식물이 자라는 환경을 결정하는 요소로, 식물 재배에 매우 중요하다. 풍화된 암석과 부식화된 유기물질이 혼합되어 있는데, 주변에서 구한 토양에는 벌레·세균·잡초 등이 포함되어 있으므로 소독하여 사용한다. 좋은 토양은 식물이 수분과 양분을 잘 흡수하도록 돕는다. 수분과 산소를 각 25%씩 함유하고 있는 것으로, 수분 함량이 높으면서 통기성이 좋고 배수가 잘되는 토양이 좋다. 참고로, 꽃눈 분화기에 토양을 건조하게 하면 쉽게 꽃이 핀다(덴드로비움·게발선인장 등).

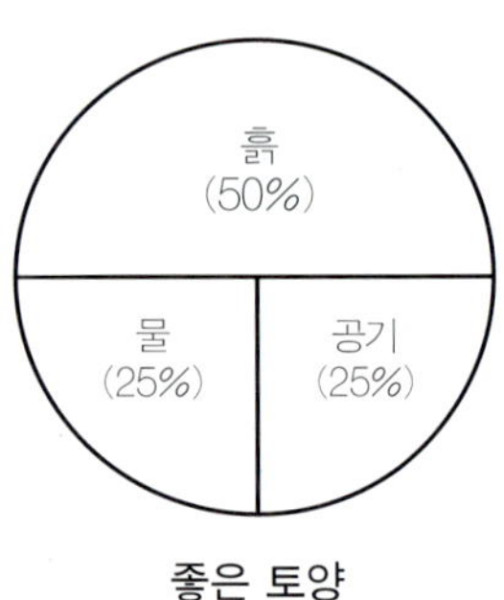

좋은 토양

표 1–3 좋은 흙의 조건

통기성이 좋은 흙	흙 속에서 뿌리는 호흡하기 위해 산소가 필요하다.
배수가 잘되는 흙	물 빠짐이 잘 안 되는 흙에서는 뿌리가 썩는다.
물을 보유할 수 있는 흙	물 빠짐이 잘되는 흙은 좋지만 건조해지기 쉽다. 따라서 어느 정도의 수분을 지니고 있는 흙이 좋다.
영양분을 지니고 있는 흙	비옥한 흙은 식물의 성장을 돕는다.
병충해가 없는 흙	흙을 소독하여 벌레나 세균 등을 제거한다.

토양의 종류

토양의 종류에는 자연 토양과 인공 토양이 있고, 숯이나 훈탄처럼 보조적으로 사용하는 재료들이 있다. 식물이 잘 자랄 수 있는 기본 환경을 제공하기 위해서 각 특성에 맞는 토양을 골라야 한다. 한 가지 토양을 사용하는 것보다 서로 보완이 되는 2~3가지 토양을 배합하면 필요에 따라 맞춤 토양을 만들 수 있다.

- 굵은 뿌리일수록 입자가 굵고 통기성이 있는 바크 또는 하이드로볼에 심는 것이 좋다. 예) 난
- 가는 뿌리일수록 입자가 가늘고 보습성이 있는 피트모스에 심는 것이 좋다. 예) 피토니아

자연 토양

모래 (사토)	해안에서 볼 수 있는 $2mm$ 정도 크기의 모래흙을 말한다. 배수와 통기는 잘되지만 건조해지기 쉬우므로 유기물과 비료를 첨가해 주어야 생육과 개화가 빨라진다.
점토	대부분의 논·밭·산의 흙을 말한다. 주성분은 철·규산·알루미늄이며 유기물을 흡착하고 비료를 흡수하는 힘과 물을 보유하는 힘이 크다. 모래에 비해 미생물 번식이 좋아 뿌리 기능이 좋다. 단, 배수가 잘 안 되기 때문에 흙 속에 산소가 부족하기 쉽다.
참흙 (양토)	모래와 점토가 섞인 흙으로, 보수성·보비성·통기성·배수성이 좋아 식물 재배용 흙으로 가장 적합하다.
마사토	화강암이 풍화된 것으로 배수성과 통기성이 좋다. 사용할 때는 먼저 체에 걸러서 작은 가루 입자는 버리고 물에 깨끗이 씻어 사용한다. 특히 습기에 약한 다육식물 재배에 많이 사용된다. 화분 위에 올려놓으면 수분 흡수가 장시간 지속되어 잘 마르지 않고 촉촉한 상태를 유지한다.

인공 토양

부엽토	참나무·단풍나무 등 활엽수의 낙엽이 쌓여 썩은 흙이다. 비료 흡수력·보수력·통기성이 좋다. 미생물이 활발하여 모든 식물 재배에 쓰인다. 다른 흙과 섞으면 흙의 개량에 도움된다.
수태 (물이끼)	수분을 흡수하며 통기성이 좋다. 습기를 좋아하는 관엽식물·식충식물 재배에 이용한다. 산성(pH 3.0~4.0)이며, 흙 위에 수태를 올려 놓으면 수분 증발을 막는다.
버미큘라이트	질석을 1,000℃에서 고온 처리한 가벼운 적갈색 흙이다. 비료 흡수력과 보수력이 좋고, 균이 없으며 비료 성분은 없다. 중성(pH 7.0)이며, 중량은 모래의 1/15이고 보수성은 모래의 3배이다. 씨앗을 뿌리거나 꺾꽂이(삽목)에 사용한다.

펄라이트		진주암을 1,000℃에서 고열 처리하여 10배 팽창시킨 흰색 흙이다. 통기성·배수성·보습성이 있다. 중성(pH 7.0)이며, 칼리·마그네슘이 함유되어 있다. 산성 토양을 중화시키는 역할을 한다. 뿌리가 썩는 것을 방지하고 뿌리를 빠르게 뻗게 해 주는 등 비료의 효능을 높인다.
피트모스		늪지나 갈대숲의 식물 또는 이끼류가 퇴적하여 만들어진 토양을 고열 처리 및 압축하여 만든 갈색 흙이다. 비료 흡수력과 보수력이 좋고 흙 속에 유기물 생성을 돕는다. 산성(pH 4.0~5.0)이며 질소 성분이 약간 있고, 인산·칼리 성분은 없다. 흙이 굳는 것을 방지하고 잔뿌리 발육에 좋다. 장기간 사용하면 배수성과 통기성이 나빠지므로 모래를 섞어 사용하는 것이 좋다.
바크		소나무나 전나무의 껍질을 잘게 부순 것으로 보수성이 있다. 서양란 식재에 이용된다. 흙 위에 올려 놓으면 잡초 발생을 억제하고 건조해지는 것을 방지한다.

기타 토양

훈탄		왕겨를 태운 것으로, 흙의 염분 농도가 높아지는 것을 막고 좋은 뿌리 상태를 유지한다.
숯		흙의 산성화를 방지하고 살균력을 높이며 곰팡이 증식을 억제하고 불순물을 제거한다. 또한 공기 정화 능력이 탁월하여 물을 정화시켜 뿌리가 썩는 것을 방지한다. 숯을 흙에 섞어서 사용하면 통기성과 보수성이 좋다. 숯에 있는 작은 구멍은 미생물의 서식지가 되기도 한다.
하이드로볼		황토를 둥글게 만든 것으로, 1,000℃에서 고열 처리한 다공질이다. 보수력이 좋아 건조해지는 것을 막고 수경 재배에 이용된다. 부서지지 않으므로 씻어서 건조한 뒤 여러 번 사용 가능하다. 뿌리에 산소와 수분을 공급한다.
연탄재		연탄이 다 타고 남은 재로, 균이 없고 알칼리성이다. 비료 성분이 없다. 배수성·통기성이 좋다. 배수층을 만들기 위해 사용한다.

녹소토		경석이 풍화되어 만들어진 가벼운 다공질의 황갈색 흙이다. 통기성과 보수성이 좋다. 야생화 식재에 이용된다.
적옥토		점토질의 화산재이며 벽돌색 흙이다. 유기물은 포함되어 있지 않지만 입자 사이에 적당한 틈이 있어 통기성 · 보수성 · 배수성이 좋다.
생명토		분재나 석부작 등에 사용하기 위해 특수 제작한 토양이다. 수분을 오랫동안 유지하며 접착력을 지니고 있어서 식물 생장과 뿌리 활착에 도움이 된다.
맥반석		신비의 자연석으로 희귀 원소인 게르마늄 등을 포함하여 아연, 망간 등 45종의 미네랄을 함유하고 있다. 1m^2 당 30,000여 다공질로 되어 있어 중금속 · 세균 · 냄새 등 각종 유해물질을 흡착하고 분해한다. 주로 수경 재배에 이용한다.

마삭줄, 푸밀라, 피토니아처럼 뿌리가 가는 식물은 피트모스 7 : 펄라이트 3의 비율로 섞은 토양에 심는 것이 좋다.

토양의 구조

토양은 미세한 가루 같은 단립 구조와 덩어리진 입단 구조(떼알 구조)로 구분된다. 입단 구조는 작은 토립이 모여서 덩어리져 있는 것으로, 공극(틈새)이 많아서 그 틈을 통해 뿌리의 호흡에 필요한 산소가 공급된다. 그러므로 입단 구조로 되어 있는 토양이 식물을 재배하기에 좋다.

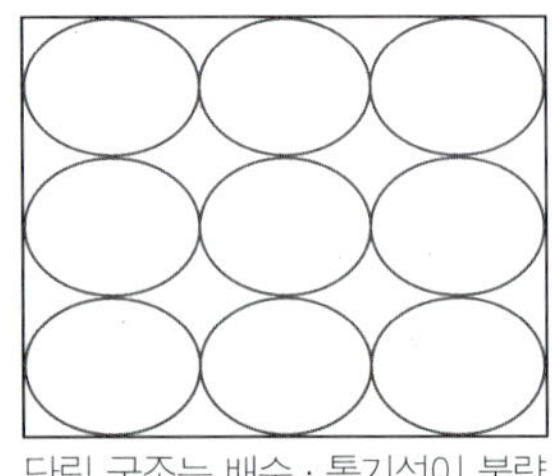

단립 구조는 배수 · 통기성이 불량하여 뿌리 발달이 나쁘다.

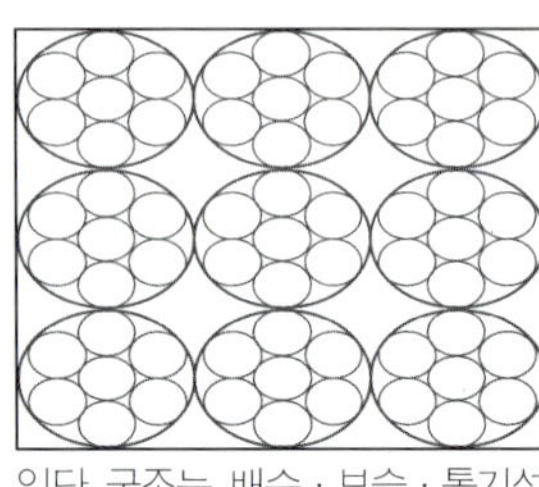

입단 구조는 배수 · 보습 · 통기성이 양호하여 뿌리 발달이 좋다.

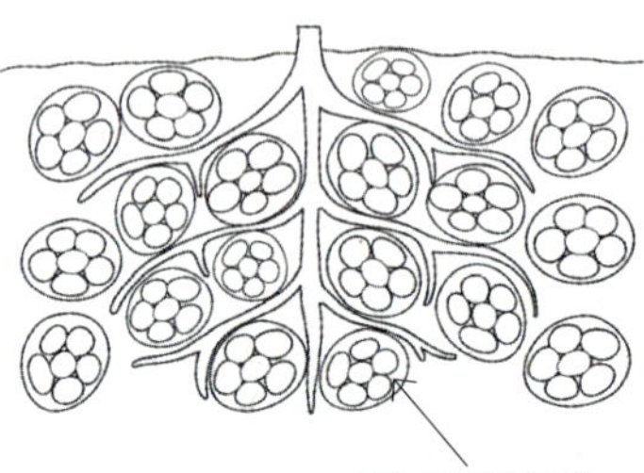

토양의 산도

토양의 산도는 pH로 표시한다. 양분 흡수에 좋은 토양은 pH 5.5~7.5(약산성)이다. 그러나 일부 식물은 종류에 따라 산성과 알칼리성에서도 잘 자란다.

수국은 산성 토양에서는 알루미늄이 용해되어 안토시안계 색소인 델피니딘 delphinidin과 결합해서 청색 꽃이 되고, 중성~알칼리성 토양에서는 알루미늄이 용해되지 않으므로 분홍색 꽃이 된다.

산성 토양의 푸른 수국

알칼리성 토양의 분홍 수국

표 1-4 흙의 산도에 따른 재배 식물

pH	장소	지역	식물 종류
산성 (pH 4.5~6.5)	비가 많이 오는 곳	온대	소나무 등의 침엽수, 철쭉류, 베고니아, 은방울꽃, 진달래, 치자나무, 고사리류, 으아리 등
알칼리성 (pH 7.0 이상)	건조한 곳	열대	참나무류, 메리골드, 제라늄, 다육식물, 시네라리아, 금잔화, 거베라 등

토양의 배합과 소독

식물의 종류에 따라 토양의 종류도 달라지는데, 각각의 식물에 맞는 이상적인 환경을 만들어주기 위해서 여러 가지 자연토양과 인공토양을 배합한 배양토를 사용한다. 배양토는 식물에 따라 각각 적당한 비율로 혼합하여 만들며, 거름기·배수력·보수력·통기성·보비력·무균인 토양으로 만드는 것이 좋다.

토양 배합 원칙
- 어린 식물은 배수가 잘되도록 모래를 많이 사용한다.
- 가늘고 약한 뿌리는 부엽토를 많이 사용한다.
- 재배 기간이 긴 식물은 점토를 많이 사용한다.

토양 소독
식물을 심기 전에 토양을 소독할 필요가 있는데, 병균·해충·잡초의 종자 등은 80℃에서 10분간 가열하면 죽는다. 한여름에는 비닐봉지를 이용해서 소독할 수도 있는데, 비닐봉지에 습기가 있는 토양을 넣고 봉지를 묶은 뒤 시멘트 바닥·장독대 위·타일 위에 올려 놓는다. 이때 비닐봉지를 앞뒤로 흔들면서 햇볕에 놓아 두면 벌레가 죽는다.

표 1-5 식물에 따른 배양토 비율

종류	점토	부엽토	모래
다육식물	1	1	3
관엽식물	3	2	1
철쭉	4	2	1
야자류	5	3	2
아프리칸 바이올렛	2	2	1
군자란	5	2	1

광선

식물은 수분과 양분을 흡수한 뒤 햇빛을 받아 광합성 작용을 하고 영양 생장(잎, 줄기, 뿌리)과 생식 생장(꽃, 씨, 열매)을 한다. 따라서 광합성의 에너지원이 되는 햇빛은 생육에 중요한 요소이다. 광합성은 잎의 기공(잎의 뒷면에 있는 공기구멍)을 통해서 대기 중의 이산화탄소와 뿌리에서 흡수된 물이 빛 에너지를 이용하여 잎에서 포도당을 만들고 산소를 발생시키는 것이다.

$$6CO_2(\text{이산화탄소}) + 6H_2O(\text{물}) \longrightarrow 빛에너지 \longrightarrow C_6H_{12}O_2(\text{포도당}) + 6O_2(\text{산소})$$

〈광합성 작용〉

빛의 세기

식물의 종류에 따라 생육할 수 있는 빛의 세기가 다르다. 실외에서 햇빛을 직접 받는 곳에서 자라는 식물을 양지식물, 베란다 창가에서 햇빛을 받으며 자라는 식물을 반음지식물, 실내의 빛이 약한 곳에서 자라는 식물을 음지식물이라고 한다.

양지식물(직사광선)
꽃을 관상하는 온대식물로, 잎의 수가 많고 두껍고 폭이 좁으며 꽃이 피는 것이 특징이다. 초화류(한해살이 · 두해살이) · 꽃나무 · 국화 · 소나무 등이 있다.

반음지식물(반직사광선)
양지식물과 음지식물의 중간 상태의 식물이다. 철쭉 · 라일락 · 아프리칸 봉선화 · 옥잠화 · 관엽식물 등이 있다.

음지식물(약광선)
온실이나 실내에서 키우는 열대지방 원산의 관엽식물이 속한다. 잎의 수가 적고 얇으며 폭이 넓으며 꽃이 피지 않는다. 야자류 · 필로덴드론 · 페페로미아 등이 있다.

표 1-6 빛의 세기에 따른 식물의 변화

양지식물을 음지에서 키우면	음지식물을 양지에서 키우면
• 잎이 넓어지고 무늬가 없어진다. • 잎의 두께가 얇아지고 잎의 수가 줄어든다. • 아랫잎이 떨어진다. • 줄기가 연약하고 길어지며 키가 커진다. • 꽃이 적게 피고 향기가 없어지며 색상이 옅어진다.	• 잎의 크기가 작아지고 두꺼워진다. • 줄기가 짧아지고 키가 작아진다. • 잎은 엽록소가 파괴되어 잎뎀(일소병 : 강한 햇볕에 식물이 타는 것) 현상이 나타난다.

양지식물 크로톤

음지식물 싱고니움

잎뎀 현상이 나타나는 드라세나 맛상게아나

광선이 부족하여 웃자란 제라늄

광선이 강하여 잎이 누렇게 변한 네펜데스.

일조시간

하루에 햇볕을 얼마나 쬐느냐에 따라 꽃 피는 시기가 다르다. 크게 장일성 식물과 단일성 식물로 나눈다. 우리가 일 년 내내 국화꽃을 볼 수 있는 것은 빛을 인위적으로 조절하기 때문이다. 국화는 자연 상태에서 10월 말경에 피는데, 그보다 한 달 일찍 꽃을 피우기 위해서는 일조시간을 10시간 이하(단일성)로 해 주어야 한다. 한 달 전부터 일정 시간 검은 비닐을 씌워 주면 꽃이 빨리 핀다. 이것을 '차광 재배 *shade culture*' 라고 한다.

장일성 식물

낮의 길이가 12시간 이상인, 봄에 꽃이 피는 식물이다. 페튜니아 · 금잔화 · 메리골드 · 과꽃 · 데이지 등이 있다.

단일성 식물

낮의 길이가 10시간 이하인 가을에 꽃이 피는 식물이다. 국화 · 코스모스 · 포인세티아 · 맨드라미 · 게발선인장 등이 있다.

→ 온대산 꽃 피는 식물은 일조시간이 짧을 때 낙엽이 지고 휴면한다.

→ 다알리아는 일조시간이 짧은 가을에는 구근이 많이 생기고 일조시간이 긴 여름에는 잔뿌리가 많이 생긴다.

광선 조절하기

햇빛이 필요한 식물을 갑자기 실내에 들여올 때 또는 겨울 내내 실내에서 키운 식물을 햇빛이 있는 실외에 내놓을 때는 광순화를 거쳐야 한다. 즉 급격한 환경의 변화에서 오는 스트레스를 줄이기 위해서 일정 기간 동안 서서히 적응시키는 것이다(약광선 → 반직사광선 → 직사광선). 예를 들어, 겨울 내내 거실에 있던 벤자민고무나무를 봄이 왔다고 해서 갑자기 바깥으로 옮겨 놓으면 잎뎀 현상이 나타난다.

포인세티아는 장일성일 때 잎이 초록색이다.

점차 단일성으로 가면서 잎이 붉어진다.

단일성일 때 잎이 붉게 변한다.

빛의 색깔(광질)

빛의 파장을 말하며, 자연광선과 인공광선이 있다. 자연광은 자외선(식물 색소 형성, 식물줄기 신장), 가시광선(식물생육), 적외선(꽃눈 분화, 개화) 등이 있다.

모든 식물에는 엽록소라는 녹색 색소가 있고 여기에 빛을 받아 광합성 작용을 하여 생장한다. 실외에서 식물을 키울 때는 자연광이 있어 문제가 되지 않지만, 실내에서 키울 때는 인공 광선(백열등, 형광등)을 설치해야 한다.

백열등은 적색광이 많이 나와 식물이 웃자라기 쉽고, 형광등은 청색광bule light이 많이 나와 키가 짧아진다. 꽃을 피우기 위해서는 적색광, 잎을 만들기 위해서는 청색광이 필요하다. 적색광은 안토시아닌anthocyanin 형성과 관계가 있어 콜레우스나 크로톤과 같은 식물의 잎의 색상을 선명하게 하고, 청색광은 마디와 마디 사이를 짧게 하여 줄기를 튼튼하게 한다.

백열등과 형광등을 조합한 식물생장등plant-growth lamps을 설치하면 적색광과 청색광을 동시에 가지고 있어 엽록소 합성과 광합성에 영향을 준다.

굴광성

식물의 줄기나 잎이 광선을 향해 자라는 현상을 굴광성이라고 한다. 대부분의 식물은 햇빛이 있는 쪽을 향해 자라므로 식물체가 한쪽 방향으로 기울어져 모양새가 없다. 이때는 반대 방향으로 보조광을 설치해 비추거나 주기적으로 화분을 돌려서 골고루 자라도록 한다.

인공 광선을 설치한 모습

굴광성으로 인해 식물이 햇빛 쪽으로 향한 모습

온도

식물이 생장하는 데는 적당한 온도가 필요하다. 원산지에 따라 열대식물, 온대식물, 한대식물로 나뉘며 적당한 온도는 각각 다르다. 열대식물은 25~35℃, 온대식물은 15~25℃, 한대식물은 10~20℃가 적온이다.

표 1-7 원산지에 따른 생태적 차이

구분	열대식물	한대식물
생육 온도	25~35℃	10~20℃
광선	적게 요구한다.	많이 요구한다.
관상 부위	잎	꽃
휴면	짧다	길다
식물 종류	음지~반음지식물(고무나무, 야자류)	양지식물(에델바이스, 전나무)
잎의 크기	크고 폭이 넓다.	작고 폭이 좁다.
번식	영양번식(꺾꽂이)	종자번식
꽃의 모양	화려하고 크다.	작고 화려하지 않다.
생육 기간	1년 내내	여름
비료	중성~알칼리성	중성~산성
개화(꽃)	어느 정도 자란 뒤 조금씩 핀다.	저온 처리 뒤 한번에 많이 핀다.

- 추위에 약한 열대식물(실내식물)은 최저 13℃를 유지해 주어야 한다. 아글라오네마 · 디펜바키아 · 크로톤 · 아프리칸 바이올렛 · 피토니아 등이 있다.

크로톤

아프리칸 바이올렛

피토니아

- 겨울철 야간 온도가 낮을 때는 식물 주위에 신문지를 덮어 주거나 비닐을 씌워 주면 약 2℃가 올라간다. 2~3겹으로 덮어 주면 5~8℃까지 올라갈 수 있다.
- 같은 품종이라도 온도 변화에 따라 적응력이 다르다. 예를 들어, 추위에 강한 철쭉을 실외에서 봄부터 키우면 겨울에도 추위에 적응하여 월동한다. 그러나 비닐하우스나 온실에서 재배한 철쭉은 한겨울에 실외에서 키우면 냉해를 입는다. 갑작스러운 환경에 적응하지 못하므로 서서히 적응시켜야 하는데, 이를 순화 현상이라고 한다. 식물은 저온에 서서히 노출하면 추위에 견디는 힘이 커진다.
- 주간에는 야간보다 온도가 높아야 광합성 작용을 최대로 할 수 있고, 반대로 야간에는 주간보다 온도가 낮아야 호흡을 감소시켜 에너지를 축적할 수 있다. 즉, 밤의 온도를 낮추면 호흡 작용을 감소시켜 탄수화물의 소모를 억제한다. 예) 시클라멘 : 낮 20~25℃, 밤 10~15℃
- 여름철 토양의 온도가 높을 때는 짚이나 풀을 덮어 온도를 낮춰 준다.

표 1-8 온도에 따른 식물의 변화

온도가 높을 때
• 호흡 작용이 활발하여 영양분의 소비량이 많아져 식물체가 약해진다. • 꽃피는 시기가 빨라지며 빨리 시든다. • 꽃의 색상이 연해진다. 예) 장미, 다알리아

온도가 낮을 때
• 호흡 작용이 둔화되고 탄수화물이 축적된다. 꽃잎에 화청소(anthocyanin)가 형성되기 때문에 꽃 색깔이 진해진다.

산호수는 온도가 낮으면 잎이 녹색(위)에서 붉은색(아래)으로 변한다.

습도

습도란 공기 중에 있는 수증기의 양으로, 기온에 영향을 받는다. 따뜻한 공기는 차가운 공기보다 습도가 높다. 대부분의 식물은 40% 이상의 습도가 필요하다. 선인장과 다육식물은 30~40%, 실내식물은 50~60%, 잎이 얇은 고사리과 식물(아디안텀, 네프로레피스)과 세라기넬라*selaginella*는 70~80%가 알맞다. 겨울철 고층 아파트 거실은 습도가 30% 정도로 낮아서 잎이 마른다.

습도가 높으면 잎의 생장이 촉진되고, 습도가 낮으면 접란 · 야자류와 같은 잎이 길고 가는 식물은 잎 끝이 마르거나 쭈글쭈글해지고 꽃이 빨리 시든다. 반면에 따뜻한 공기는 생장을 촉진하지만 잎의 수분을 빼앗아 가고 토양이 빨리 말라 버리므로 물을 자주 주어야 한다.

실내 습도를 높이는 방법

- 잎이 큰 관엽식물은 증산작용으로 습도를 높일 수 있다. 드라세나 · 대엽 쉘프렐라 류 등이 있다.
- 가습기를 사용하면 30~60%의 습도를 유지할 수 있다.
- 식물 한 그루 한 그루가 증산작용을 하여 주위의 습도를 상승시키기 때문에 여러 식물을 모아 놓으면 주변 습도가 올라간다.
- 분무기로 물을 자주 뿌려 준다.
- 물을 담은 큰 용기에 돌을 올려 놓고 주변에 식물을 배치한다.

잎이 시들어 축 늘어졌을 때

잎이 시들었다는 것은 흙이 마른 것이다. 흙과 식물 전체에 물을 주고 잎에서 증산작용을 하지 못하도록 비닐봉지를 식물 전체에 씌운 뒤 그늘에 하루 정도 두면 잎이 다시 싱싱해진다.

공중 습도를 높이는 방법

공중습도가 낮으면 잎이 마르는 식물

네프로네피스

세라기넬라

트리안

습도 유지를 위해서는 입구가 좁은 용기에 심는 것이 좋다.

비료

비료는 꽃이 피지 않을 때, 잎의 색상이 연할 때, 생장 속도가 느릴 때, 영양이 부족해서 잎이 떨어질 때 준다. 비료는 광선·온도·통풍·공중 습도 등에 따라 흡수량이 다르다. 특히 비료의 흡수량과 광선은 밀접한 관계가 있다. 광선이 많이 들어오는 곳은 비료의 흡수량이 많고, 광선이 적은 곳은 흡수 능력이 떨어진다.

비료의 종류

유기질 비료

깻묵·생선 찌꺼기·닭똥·낙엽·톱밥, 한약이나 커피 찌꺼기 등을 흙 속에서 발효하여 만든 동·식물성 비료로, 효과가 오래 지속된다(지효성 비료). 주로 퇴비 등이 있으며 흙을 부드럽게 하는 역할을 한다. 밑거름(식물을 심기 전에 주는 비료)이므로 많이 넣어 준다.

깻묵

퇴비 만드는 법

식물성 성분(낙엽·짚·풀·채소)과 동물성 성분(뼈·배설물) 등을 섞어서 여름에는 2개월 정도, 겨울에는 6개월 정도 완전히 썩힌다.

표 1–9 유기질 비료 성분(단위 : %)

종류	질소(N)	인산(P)	칼리(K)
동물 뼈가루	4.0	22.0	–
닭똥	3.0~4.0	3.0~4.0	1.0
깻묵	5.0	2.0~3.0	1.0
생선 찌꺼기	9.0~10.0	6.0	–
쌀겨	2.0	4.0	1.0
재	–	8.0	50.0

무기질 비료

화학 비료를 말한다. 질소 · 인산 · 칼리 · 미량 원소를 첨가하여 만든 복합비료로, 물
비료(액체), 가루 비료(분말), 알비료(고형)가 있다. 복합비료 함량은 10-6-4 등과 같
이 표시하는데, 이는 질소(N 10)-인산(P 6)-칼리(K 4)를 의미한다. 복합비료는 비료
의 효과가 빨리 나타나는 속효성 비료로, 하이포넥스(액체 또는 분말), 오스모코트(고
형) 등이 있다. 웃거름(식물이 자라면서 필요할 때 추가로 주는 비료)으로 쓴다.

액체 비료   알비료

비료의 성분

질소(N)

잎 · 가지 · 줄기의 비료로, 채소 재배에 중요하다. 질소를 주면 잎이 진한 녹색이 되
고, 부족하면 잎이 황록색을 띤다.
질소 비료 과잉 시비의 부작용 • 잎줄기가 무성하고 꽃은 적게 핀다. • 병충해가 생긴
다. • 뿌리채소가 적게 달린다. • 관엽식물은 잎의 색이 없어지고 무늬가 옅어져 엽
록소만 남는다.

인산(P)

꽃, 열매, 종자의 비료로 뿌리 발육을 좋게 한다. 꽃 재배에 중요한 비료이다.

칼리(K)

개화 결실을 촉진하며 뿌리와 줄기를 튼튼하게 한다. 구근
재배에 중요한 비료이다. 부족하면 잎 가장자리가 누렇게
된다. 추위와 병충해의 저항력을 키운다.

그 밖

칼슘Ca, 마그네슘Mg, 불소B, 망간Mn, 철Fe, 아연Zn 등 미량
요소가 있다.

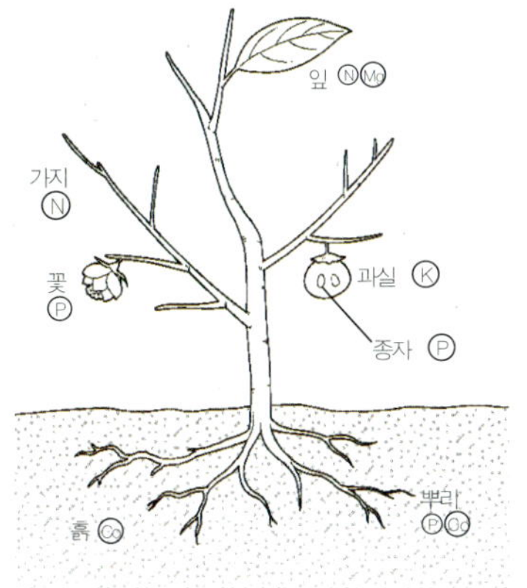

비료 주기

- 비료는 온도가 높을수록, 빛이 많을수록, 통기성이 좋을수록 흡수가 빠르다. 온도가 20~30℃일 때 흡수가 좋다.
- 재배 기간이 짧은 것은 밑거름만 준다.
- 꽃이 피는 기간이 긴 것은 밑거름과 덧거름(추가 비료)을 준다.
- 여름과 겨울에는 비료를 주지 않는다.
- 뿌리 상태가 나쁠 때는 잎에 물비료를 뿌려 준다. 이를 '엽면시비_{葉面施肥}'라고 한다.
- 분갈이를 한 뒤 뿌리가 약할 때는 비료를 주지 않는다.
- 알비료는 뿌리에서 멀게 화분 가장자리 흙 속에 묻어 준다.
- 화학 비료의 농도가 진하면 뿌리가 타 버리므로 약하게 여러 번 나누어 준다. 비료 효과가 빠르게 나타난다.
- 마른 흙에 비료를 주면 뿌리가 타거나 식물이 해를 입으므로 젖은 상태에서 준다.
- 잎, 줄기에 직접 닿지 않게 준다.
- 꽃나무에 비료를 줄 때는 뿌리에서 멀리 떨어진 지점 즉 가지 끝부분이 내려오는 지점에 준다.
- 비료가 많이 필요한 식물 : 양지식물류, 수국, 국화, 백합, 튤립 등
- 비료가 적게 필요한 식물 : 음지식물류, 고사리류, 식충식물, 착생란(흙 아닌 다른 식물의 표면이나 바위 등에 붙어서 생장하는 난초과 식물), 아나나스, 철쭉 등

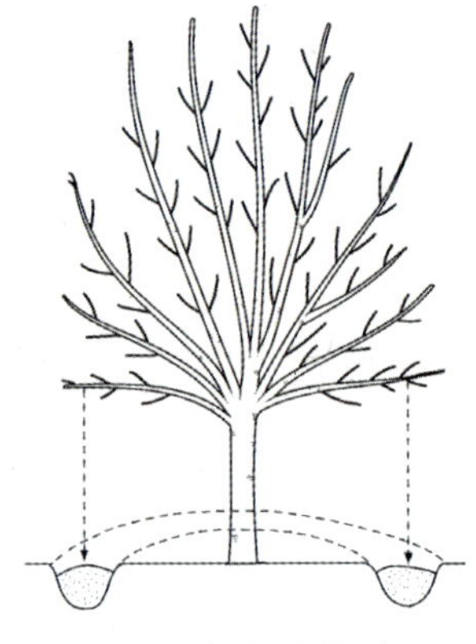

꽃나무에 비료를 줄 때

표 1-10 비료의 과부족에 따른 부작용

비료가 부족할 때	비료가 과잉일 때
- 잎의 색이 옅어지고 노란 반점이 생긴다. - 꽃이 작아지고 색이 옅어지거나 꽃이 피지 않는다. - 줄기가 약해진다. - 아래쪽 잎이 빨리 떨어진다. - 병충해에 대한 저항력이 약해진다. - 생장이 늦어진다.	- 잎에 갈색 반점이 생기거나 잎 전체가 까맣게 타 버린다. - 잎이 오므라들거나 기형이 된다.

잎에 비료 주기

액체 비료 또는 분말 비료를 물에 타서 분무기로 잎에 직접 뿌려 준다.

하이포넥스 1,000배액 만들기

물 1 *l* 에 분말 비료 1g이나 액체 비료 1cc를 섞는다.

엽면 시비를 해야 하는 시기

- 뿌리의 기능이 약할 때
- 기온이 낮아 뿌리로부터 비료 흡수가 안 될 때
- 병충해를 입었을 때
- 옮겨 심었을 때

비료 만들기

깻묵 물비료 만들기

깻묵과 물을 1 : 10의 비율로 준비한다.

1 페트병에 깻묵과 물을 1 : 10 비율로 넣어 잘 흔들어 섞는다. **2** 그늘에서 6개월 동안 발효시킨다.

원액을 10배로 희석하여 쓴다.

달걀 껍질로 비료 만들기와 토양 개량

달걀 껍질은 토양이 산성화되는 것을 방지하고 물 빠짐을 좋게 한다. 굴이나 조개껍데기도 가능하다.

1 달걀 껍질을 모아서 펼쳐 말린다.

2 달걀 껍질이 마르면 비닐봉지에 넣고 발로 밟거나 막대기로 두드려 잘게 부순다.

3 잘게 부순 달걀 껍질을 화분이나 화단에 올려 놓으면 거름이 된다.

질병과 병충해

질병은 물, 온도, 광선, 비료의 과부족, 공중 습도, 환기, 토양의 산도에 따라 영향을 받는다. 병해病害는 공기의 습도가 높을 때, 충해蟲害는 건조할 때 주로 발생한다. 자주 발생하는 질병의 증상과 원인은 다음 표와 같다.

표 1-11 질병의 증상과 원인

증 상	원 인
잎이 시든다.	• 물 부족 또는 과다 • 화분 속에 뿌리가 꽉 차 있을 때
잎 색상이 퇴색되고 시들시들하다.	• 빛 부족 또는 과다 • 영양 부족
잎이 오므라들거나 떨어진다.	• 물 부족 • 저온이나 건조
아랫잎이 누렇게 변하고 떨어진다.	• 물 부족 또는 과다 • 빛 부족
잎 끝이나 가장자리가 갈색으로 변한다.	• 과습으로 인한 뿌리 손상 • 습도가 낮아 건조할 때 • 비료 부족 또는 과다
꽃이 피지 않는다.	• 빛 부족 • 화분 속에 뿌리가 꽉 차 있을 때

병충해의 종류와 특징

병충해의 종류는 크게 병균류, 즙액을 빨아 먹는 해충류, 갉아먹는 해충류로 분류한다. 각각의 특징과 피해를 입기 쉬운 식물과 방제법을 알아 두면 병충해가 발생했을 때 적절하게 대처할 수 있다.

병균에는 흰가루병 · 흑반병 · 그을음병 · 적성병 · 탄저병 등이 가장 많고, 즙액을 빨아먹는 해충은 진딧물 · 깍지벌레(개각충) · 응애 · 온실가루이(흰나방) · 방패벌레 등이 있다. 갉아먹는 해충은 민달팽이가 대표적이다.

병균

흰가루병		**특징** 기온이 낮은 봄가을에 줄기나 꽃봉오리에 생긴다. 잎에 흰색 반점이 퍼져서 흰곰팡이처럼 된다. 햇빛을 차단하므로 식물이 광합성 작용을 못해 약해진다. **피해 식물** 국화 · 작약 · 다알리아 · 개미취 · 백일홍 · 장미 · 배롱나무 · 벤자민고무나무 · 드라세나 · 철쭉 **방제법** 햇빛과 통풍을 좋게 한다. 약제로는 다이젠을 살포한다.
흑반병		**특징** 여름철 고온다습과 통풍 불량 등이 원인으로 잎에 검고 작은 반점이 나타난다. **피해 식물** 철쭉 · 고무나무 등 **방제법** 약제로는 벤레이트, 다이젠을 살포한다.
그을음병		**특징** 잎 표면에 검은 그을음 같은 곰팡이 포자가 덮여 있어 광합성 작용이 원활하지 못하다. 진딧물과 깍지벌레의 분비물에 곰팡이가 발생하여 생긴다. **피해 식물** 귤나무 · 야자류 · 고무나무 · 동백나무 **방제법** 약제로는 다이젠을 살포한다.
적성병		**특징** 봄~여름에 잎 뒷면에 붉은 반점이 점점 커져서 포자가 생긴다. **피해 식물** 모과나무 · 배나무 · 사과나무 등 **방제법** 포자는 향나무에서 월동하므로 배나무 주변에 향나무를 심지 않는다.
탄저병		**특징** 고온기에 잎 · 줄기 · 꽃 · 과일에 흑갈색의 원형 반점이 생겨 잎이 마른다. **피해 식물** 팬지 · 고무나무 · 코스모스 · 철쭉 등 **방제법** 약제로는 다이젠을 살포한다.

갉아먹는 해충

민달팽이		**특징** 습한 화분 밑에 숨어 있다가 밤이면 돌아다니면서 꽃 · 줄기 · 뿌리 · 잎을 갉아먹는다. 달팽이가 지나간 자리에는 점액질이 묻어 있다. **피해 식물** 호접란 · 스파티필름 등 **방제법** 무 조각 등을 올려 놓으면 모여드는데 이때 잡으면 된다. 약제로는 나메돌을 살포한다.

즙액을 빨아먹는 해충

진딧물		**특징** 고온 건조한 봄에 식물 조직이 연약할 때 어린잎 · 줄기 · 가지 · 꽃봉오리에 붙어 즙액을 빨아먹는다. **피해식물** 장미 · 시클라멘 · 치자나무 · 국화 등 **방제법** 식초 탄 물, 우유, 비눗물 등을 분무한다. 약제로는 스미치온, 코니도를 살포한다.
깍지벌레		**특징** 고온 건조할 때 잎 뒷면 · 생장점 · 봉오리에 거미줄을 쳐 놓은 것처럼 나타난다. 즙액을 빨아먹어 엽록소가 파괴되고 잎에 얼룩무늬가 생겨 말라 죽게 한다. **피해 식물** 국화 · 팬지 · 프리뮬러 · 시클라멘 · 고무나무 · 호야 · 소철 · 귤나무 · 아프리칸 바이올렛 · 천사의나팔꽃 · 포인세티아 등 **방제법** 약제로는 살비란을 살포한다.
응애		**특징** 고온 건조하면 잎 뒷면 또는 어린 줄기에 거미줄을 친 것처럼 보인다. **피해 식물** 천사의나팔꽃 · 장미 · 국화 · 귤나무 · 동양란 **방제법** 약제로는 켈센 · 살비란을 살포한다.
온실가루이		**특징** 흰색의 작은 나방으로 잎 뒷면에 붙어 즙액을 빨아먹어 결국 잎이 퇴색되어 떨어져 죽는다. **피해 식물** 란타나 · 포인세티아 · 후크시아 등 **방제법** 약제로는 마라치온을 살포한다.
방패벌레		**특징** 장마 전 건조기에 잘 나타난다. 방패 모양의 날개로 잎 뒷면에 붙어 즙액을 빨아 먹어 잎을 희게 퇴색시킨다. **피해 식물** 철쭉 등 **방제법** 약제로는 마라치온을 살포한다.

약제를 살포할 때 주의할 점

- 농도를 정확하게 한다. 지나치게 진하면 식물체까지 죽어 버리기 때문이다.
  예) 1,000배액 = 물 1 l , 약제 1ml 또는 1g
- 살충제, 살균제는 잎의 앞뒷면에 골고루 뿌려 준다.
- 피부에 닿지 않도록 반드시 고무장갑을 끼고 뿌린다.
- 비 오는 날이나 바람 부는 날에는 살포하지 않는다.

• 잎에 물기가 없는 상태에서 살포한다.

천연 살충제 만들기

천연 살충제는 진딧물에 효과가 있으며, 생명력이 강한 벌레는 죽지 않는다.

식물성 기름과 세제

1 식물성 기름 2작은술, 식기 세척용 세제 1작은술을 미지근한 물 250ml에 섞는다.
2 식물 잎의 앞뒷면에 골고루 뿌린다.

청량고추

1 청량고추 10개를 잘게 썰어 물 500ml에 넣고 믹서기에 간다.
2 1을 끓여 식힌 다음 체에 걸러 분무기에 넣고 잎과 줄기에 골고루 뿌린다.

마늘

1 깐 마늘 5개를 물 500ml에 넣고 믹서기에 간다.
2 1을 끓여 식힌 다음 체에 걸러 분무기에 넣고 잎과 줄기에 골고루 뿌린다.
3 마늘 살충제가 고이지 않도록 2~3일 뒤에 깨끗한 물로 씻는다.

우유

1 우유 200ml, 물 700ml, 식초 100ml를 모두 섞어 흔들어 준다.
2 위 용액을 분무기에 넣고 잎과 줄기에 2~3회 골고루 뿌린다.
3 벌레가 죽은 뒤에는 깨끗한 물로 식물을 씻는다.

제충국

1 제충국(국화과의 여러해살이풀)과 설탕을
  1 : 1로 켜켜이 쌓아 용기를 밀폐한다.
2 약 2개월 동안 발효시켜 원액을 만든다.
3 원액과 물을 1 : 500의 비율로 희석하여
  살포한다. 벌레가 발생한 초기 또는 습
  한 날씨에 잎에 뿌려 주면 특히 효과적
  이다.

번식법

번식에는 씨를 직접 뿌리는 종자번식과 식물의 일부를 자르거나 나누어서 뿌리를 내리게 하는 영양번식이 있다.

종자번식

일반적으로 종자는 화단에 뿌리지만, 귀한 종자 · 싹이 잘 나오지 않는 종자 · 미세한 종자 등은 묘판(나무상자 판)에 뿌린다. 흩어뿌리기, 줄뿌리기, 점뿌리기 세 종류가 있다. 발아 → 솎아내기 → 가식하기 → 정식하기순으로 옮겨 심는다.

순서

1 발아
씨앗을 뿌린 뒤 싹이 트면 해가 드는 곳에 둔다. 싹이 틀 때까지 건조해지지 않도록 한다. 온도와 습도를 유지할 수 있도록 구멍 뚫린 비닐봉지를 씌운다.

2 솎아내기
떡잎이 연약하게 자라거나 촘촘하게 올라온 것은 솎아 낸다.

3 가식하기
본잎이 3~4장이 되었을 때 작은 포트pot에 옮겨 심는다. 가식의 이점은 다음과 같다.
1 묘의 웃자람과 노화를 방지한다.
2 옮겨 심는 과정에서 뿌리가 잘리면서 가는 뿌리가 많이 생겨 묘를 튼튼하게 한다.
3 묘의 간격을 넓게 하여 햇빛을 잘 받게 된다.

4 정식하기
묘종을 화단 또는 밭에 직접 심는다. 이때 밑거름으로 유기질 비료를 충분히 주고 심는다. 바람이 없고 흐린 날 작업한다. 정식하면 뿌리가 상하지 않고 쉽게 활착하여 생육이 좋아진다.

시기

봄 파종
4~5월 : 따뜻한 기후를 좋아하는 종류 : 맨드라미 · 천일홍 · 백일홍 · 메리골드 등

가을 파종
9~10월 : 서늘한 기후를 좋아하는 종류(팬지 · 데이지 · 꽃양배추 · 물망초 등)

파종하는 법

모종을 많이 얻으려면 파종을 해야 한다. 시간과 수고가 많이 드는 것이 단점이지만, 잔뿌리가 많이 나오고 비료를 잘 흡수하여 식물이 건강하게 생장할 수 있다.

1 화분에 종자를 뿌린다.
2 7~10일 뒤면 종자가 발아해 떡잎 2장과 본잎 3~4장이 나온다.
3 핀셋으로 뽑아 트레이에 옮겨 심는 가식을 한다. 가식을 하면 뿌리가 끊기고 재생하며 더욱 많은 뿌리가 나온다.
4 트레이에서 뿌리가 꽉 차거나 높이 5㎝ 정도로 자라면 화분에 옮겨 정식을 한다. 정식하면 뿌리가 상하지 않고 쉽게 활착해 생육이 활발해진다.

트레이에서 발아한 모습

영양번식

영양번식 방법에는 꺾꽂이 · 포기나누기 · 알뿌리 나누기 · 휘묻이 등이 있다.

꺾꽂이(삽목, cutting)

잎 · 가지 · 줄기 · 뿌리를 잘라서 뿌리 내리게 하는 방법으로, 잎꽂이 · 줄기꽂이 · 뿌리꽂이가 있다.

잎꽂이

잎자루를 잘라 흙에 꽂는 방법(페페로미아 · 아프리칸 바이올렛 · 글록시니아 · 돈나물과 · 오니소갈럼)과 잎 한 장을 여러 개로 잘라서 꽂는 방법(산세베리아 · 렉스베고니아)이 있다.

산세베리아 잎꽂이

잎을 5~7cm 간격으로 자른다. 자른 잎은 위아래가 바뀌지 않도록 한다.

자른 부분을 약간 말린 뒤 꽂는다.

뿌리가 난 산세베리아

아프리칸 바이올렛 잎꽂이

잎을 딴다.

물속에 뿌리 내리기

토양에 뿌리 내리기

하트호야 잎꽂이

시페루스 잎꽂이

시페루스 알테르니폴리우스는 잎을 자른 뒤 물속에 담근다.

칼랑코에 투비플로라 *kalanche Tubiflora* 잎꽂이

줄기꽂이

나무 종류는 10*cm*, 관엽식물은 5~6*cm* 정도 길이로 잘라서 꽂는다. 동백나무나 고무나무처럼 잎이 큰 식물은 잎의 수분 증발을 억제하기 위해서 잎을 1/2 정도 자른 뒤꽂는다.

상록활엽수 5~6월 새순이 단단해지기 전에 꽂는다.

낙엽수 · 상록수 7~8월 새순이 반 정도 굳어진 줄기를 잘라 꽂는다.

줄기를 잘라 뿌리를 내린 임파첸스

후쿠시아 줄기꽂이

플라스틱 용기, 배양토, 비닐봉지

배양토에 후크시아 줄기를 꽂는다.

비닐봉지에 구멍을 뚫어 씌워 주면 마르지 않는다.

제라늄 줄기꽂이

줄기를 3cm 자른다.

아랫잎은 따 버린다.

배양토에 꽂는다.

꽃이 핀 제라늄

뿌리꽂이

땅속 줄기나 굵은 뿌리를 5~10cm 정도 잘라서 비스듬히 흙 속에 꽂는다. 라일락 · 산수유 · 팥꽃나무 등 꽃나무류가 있다. 온도가 20~25℃ 정도 되는 봄가을에 실시한다.

포기나누기(분주법, division)

한 포기에 눈을 3~4개 붙여서 나누는 것이다. 오래된 포기는 병충해 피해를 입기 쉽고 꽃의 수도 적어지는 등 세력이 약해지므로 3~4년에 한 번씩 포기나누기를 한다. 프리뮬러 같은 경우 몇 년간 그대로 방치하면 뿌리가 엉켜 잎과 꽃이 작아진다.

관목류의 경우 봄에 꽃이 피는 것은 가을에, 여름~가을에 꽃이 피는 것은 초봄에 실시한다. 명자나무 · 철쭉류 · 조팝나무 등이 있다.

여러해살이풀은 꽃이 진 뒤에 한다. 국화 · 꽃창포 등이 있다.

관엽식물은 봄, 가을에 한다. 아디안텀 · 네프로레피스 · 싱고니움 등이 있다.

알뿌리 나누기(분구)

어미 구근 옆에 붙은 새끼 구근(자구)을 떼어 내어 심거나 알뿌리를 나누어 심는다. 구근 1개에 싹 1~2개를 붙여 예리한 칼로 뗀다. 줄기 부분은 가능한 붙어 있도록 자른다. 알뿌리나누기를 하는 식물로는 히아신스 · 아마릴리스 · 다알리아 · 백합 등이 있다.

튤립의 분구

어미 구근 옆에 붙은 새끼 구근(자구)을 따서 심거나 알뿌리를 나눠 심는다.

다알리아 분구

구근 1개에 싹 1~2개를 붙여 예리한 칼로 뗀다. 줄기 부분은 가능한 붙여서 자른다.

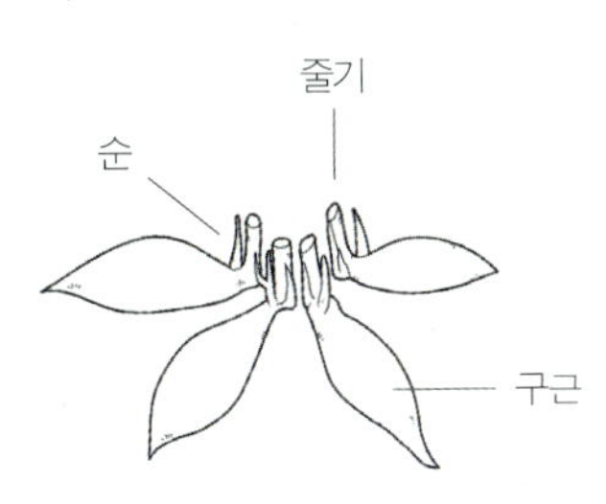

휘묻이(취목, layering)

6월 하순경 땅 가까이 있는 가지를 흙 속에 묻어 두는 방법이다. 개나리 · 수국 · 덩굴장미 등이 있다.

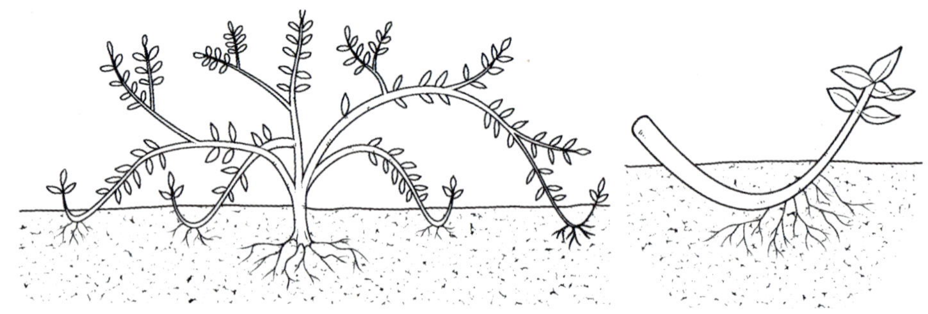

흙쌓기

잔가지가 많이 나오거나 키가 작은 철쭉 · 영산홍 · 명자나무 등은 흙을 높이 쌓아두면 1~2년 뒤에 뿌리가 내린다.

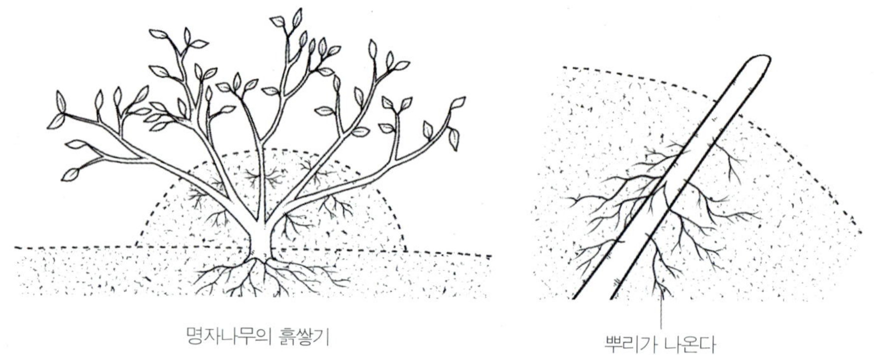

높이떼기(공중취목)

5~6월에 줄기 넓이를 1㎝ 정도 둥글게 도려낸 뒤 젖은 수태를 넣고 위아래를 비닐로 감아 준다. 40일 정도 지나면 뿌리가 내린다. 높이떼기는 아래쪽 잎이 떨어져 모양이 없을 때, 또는 빠른 시일 내에 큰 식물체를 만들려고 할 때 실시한다.

표 1-12 높이떼기를 하는 식물 종류

관엽식물	고무나무, 크로톤, 드라세나
꽃 나 무	석류나무, 배롱나무
낙 엽 수	느릅나무, 소사나무

공중취목 만들기

1 칼집을 내어 나무껍질을 벗긴다.

2 발근 촉진제를 바른다.

3 줄기에 비닐을 고정한다.

4 축축한 수태를 비닐에 넣는다.

5 비닐 윗부분을 끈으로 묶는다.

6 뿌리가 나오면 밑부분에 있는 줄기를 자른다.

7 새로 나온 뿌리 부분을 화분에 심는다.

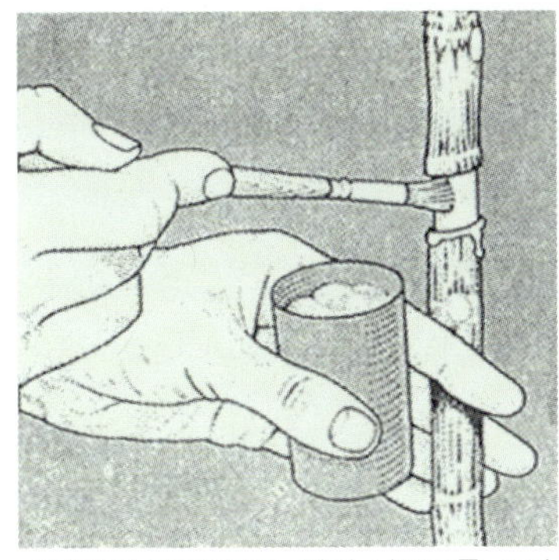

새뿌리가 조금이라도 빨리 나오도록 수피를 벗겨 버린 부분에 발근촉진제를 얇게 펴면서 발라 둔다.

감은 비닐 속에 축축한 수태를 듬뿍 채운다. 목질의 줄기에서 취목을 하는 겨우 수태가 가장 알맞다.

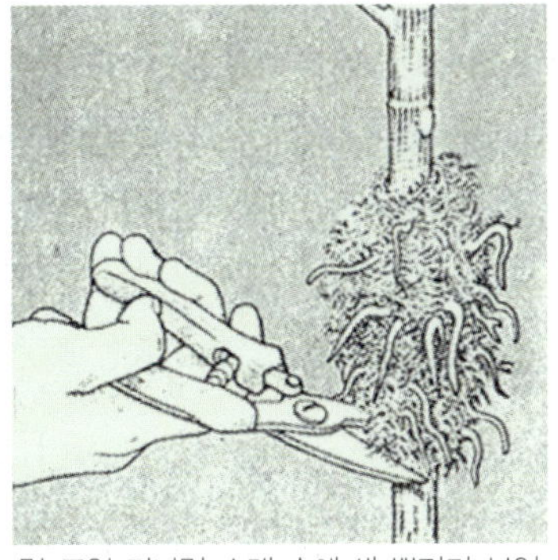

몇 주일 지나면 수태 속에 새 뿌리가 보인다. 이때 비닐을 제거하고 뿌리가 나온 바로 아랫부분에서 소곧한 전정 가위로 자른다.

런너 runner

어미 식물에서 뻗은 새로운 줄기를 잘라 내는 것을 말한다. 딸기 · 줄란(줄모초) 등이 있다.

줄모초 런너

다육식물의 런너

자르기

나무 가지치기

가지가 너무 자라서 식물의 생장에 영향을 주거나 외관상 보기 좋지 않을 때는 가지나 줄기를 적당히 잘라 주어야 한다. 가지치기는 봄~초여름 사이에 실시한다. 단, 지나치게 자란 가지는 가을에 자른다. 딱딱한 줄기는 작년에 자란만큼 자른다.

가기치기를 해야 할 시기
- 가지 모양이 한쪽으로 향해 나무 모양이 균형이 없을 때
- 지저분하고 병든 죽은 가지, 안쪽으로 향한 가지 등을 제거할 때
- 가지가 너무 많아서 햇빛이 차단되고 통풍이 되지 않을 때

올바른 가지치기 방법
- 눈과 눈 사이 간격의 1/4 높이 위에서 자른다.
- 자른 면이 안쪽을 향하도록, 즉 눈과 동일한 방향으로 자른다.

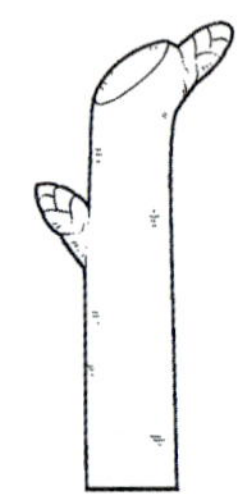

눈에서 지나치게 가깝다.

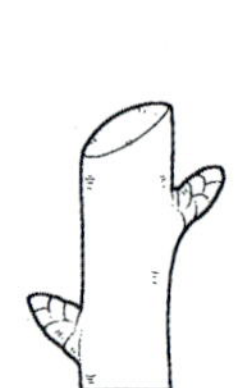

눈에서 너무 멀다.

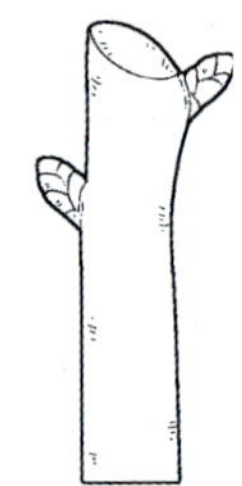

자른 방향이 반대

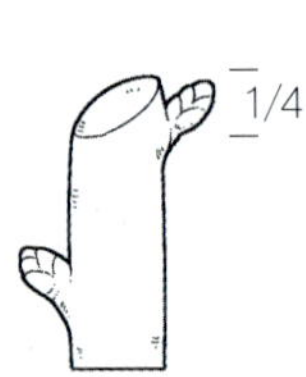

바르게 자른 상태

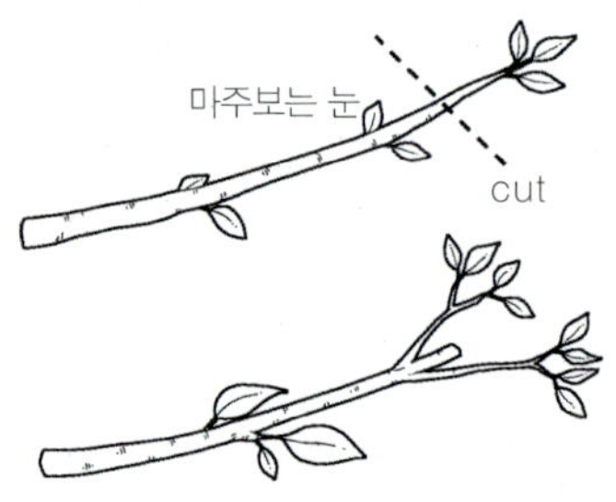

눈이 마주볼 때는 눈과 눈 사이에서 자른다.

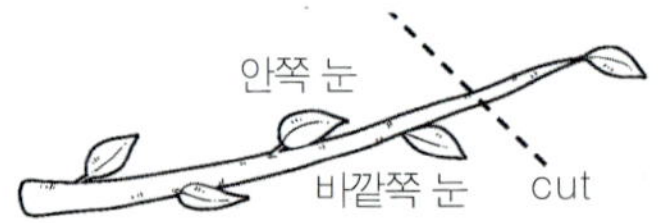

눈이 어긋날 때는 바깥쪽 눈 위에서 자른다.

줄기 자르기

줄기의 지나친 생장을 억제하고, 오래되고 연약한 부분은 제거하여 잎 사이에서 튼튼한 줄기가 나오게 한다.

키가 큰 식물 줄기 자르기

고무나무의 키가 커서 천장에 닿게 될 경우에는 키를 1m 정도 남기고 자른다. 이때 잎도 많이 잘라 준다. 자른 단면에 재나 훈탄 가루를 발라 수액이 밖으로 흘러나오는 것을 막는다. 자른 줄기를 화분에 심고 온도를 25~30℃, 습도를 70~80% 유지하면 5주 뒤에 뿌리가 내린다.

고무나무 자르기 전   고무나무 자른 후

엉성한 줄기 잘라 주기

줄기에 잎이 엉성하게 붙어 있는 경우는 줄기를 잘라서 새순이 나오게 한다.

복잡한 줄기 잘라 주기

덩굴성 식물인 재스민이 지나치게 자라 덩굴이 엉켜 있어서 모양이 산만하다. 이럴 때는 복잡한 줄기를 잘라 정리하여 모양을 만든다.

줄기가 복잡하게 자란 모습   가위로 잘라 준다.   정리된 모습

순 따기(순지르기, 곁눈따기)

순 따기는 분재·국화·허브·초화류 등에 실시하며, 줄기의 생장점을 따 주어 곁가지를 늘리는 방법이다. 즉 키가 지나치게 자라는 것을 방지하고, 곁순이 나와 포기가 풍성해지고 꽃이 많이 핀다.

예를 들어 수국은 7월말경 아래에서 3마디 남기고 순 따기를 하면 포기가 풍성해지고 이듬해 꽃이 많이 핀다.

줄기의 생장점을 따 준다.

생장점에서 새 싹이 나온 모습

분갈이

화분 안에 뿌리가 꽉 차면 양분과 수분의 흡수가 어려워진다. 이럴 때 새로운 흙에 옮겨 심는 것을 '분갈이'라고 한다. 보통 2~3년 주기로 한다. 뿌리는 제한된 화분 공간 안에서 생육하므로 생리적 · 형태적으로 정상적인 생육이 어렵다. 한곳에 식물을 계속 심어 놓으면 뿌리가 뻗을 공간이 좁고 병충해가 생기며 흙의 물리성도 나빠지기 때문이다. 또한 꽃 시장에서 플라스틱 화분에 심어져 있는 식물을 사 왔다면 모양 있는 토분 등에 옮겨 심어야 인테리어 효과를 얻을 수 있다.

분갈이하기

분갈이 시기
- 화분 밑 배수 구멍으로 뿌리가 나오거나 엉켜 있을 때
- 포기가 커져 흙 표면 위로 뿌리가 나올 때
- 흙이 산성으로 변해 뿌리가 해를 입을 때
- 흙이 굳어져 물이 빠지지 않을 때
- 비료가 부족할 때

분갈이할 때의 환경
- 흐린 날 오후에 바람이 없는 장소에서 실시한다.
- 관엽식물은 15~20℃ 정도의 봄과 가을에 실시한다.
- 화목류는 새싹이 트기 직전 또는 장마철 초기에 실시한다.

분갈이할 때 주의점
- 분에서 꺼내기 쉽고 뿌리가 다치지 않도록 작업 1시간 전에 물을 준다.
- 곧게 뻗은 뿌리는 자르고 잔뿌리는 남겨 둔다.
- 뿌리의 깊이를 조절하고 고르게 펴서 심는다.
- 키가 큰 식물은 뿌리가 움직이지 않도록 줄기를 분에 묶는다.
- 뿌리 사이에 흙이 고르게 채워지도록 한다.
- 뿌리가 뻗을 때까지 물을 충분히 주고 잎에 분무해 준다.
- 비료는 1개월 뒤에 준다.

분갈이 순서

1 한 손으로 식물을 잡고 화분에서 빼낸다.

2 흙을 털어 내고 썩거나 엉켜 있거나 오래된 뿌리를 1/3 정도 자른다.

3 조금 더 큰 화분을 골라 밑바닥에 배수망을 깐다.

4 3에 숯과 마사토를 넣고 배수층을 만들어 준다.

5 그 위에 배양토를 넣고 식물을 중앙에 배치한다.

6 화분 위에서 1~2㎝ 여유 공간을 두고 남은 공간에 배양토를 채워 물이 들어갈 공
간을 만든다. 화분 밑바닥을 가볍게 쳐 주면 흙이 뿌리 사이사이에 고루 들어간다.

분갈이를 하지 못하고 흙만 교체할 경우

호미, 삽, 포크 등을 이용하여 흙을 반 정도 파낸다. 이때 뿌리에 상처가 나지 않도록 주의한다. 파낸 곳에 새로운 배양토를 넣고 흔들리지 않도록 흙을 다져 준다.

같은 분에 다시 심기

한 시간 전에 물을 주고 식물을 화분에서 꺼낸다. 뿌리를 사방 1㎝ 정도 잘라 흙을 넣을 공간을 만든다. 식물을 넣고 새로운 배양토를 채운다.

식물의 분류

Healing Garden

구근

구근(球根, bulb)은 식물체의 잎·줄기·뿌리 등 어느 한 부분이 비대해져서 알뿌리가 된 것이다. 그 속에 양분을 저장해서 일정 기간 휴면한 뒤에 싹을 틔우고 꽃을 피우는 식물이다. 구근은 비대한 조직 속에 수분을 저장하고 있어 오랫동안 마르지 않기 때문에 줄기와 잎이 죽더라도 구근은 살아남아 한동안 휴면하다가 다시 자란다.

좋은 구근은 알뿌리 표면에 병든 반점이 없는 것, 상처가 없는 것, 크고 무거운 것, 매끈하고 껍질이 두꺼운 것, 알뿌리가 단단하고 색상이 선명한 것, 전체적으로 무게감이 있는 것이다. 구근이 클수록 축적된 영양도 많아 좋은 꽃을 피울 수 있다.

형태에 따른 분류

구근은 형태에 따라 인경(鱗莖, bulb), 괴경(塊莖, tuber), 구경(球莖, corm), 근경(根莖, rhizome), 괴근(塊根, tuberous root) 등으로 나눈다.

인경
짧은 줄기에 많은 영양을 함유한 잎들이 빽빽해져서 생긴 비늘줄기로, 모양이 둥글다. 나리·백합·수선화·무스카리·튤립·아마릴리스·히아신스 등이 있다.

괴경
덩이 모양을 이룬 땅속줄기로, 땅속에 있는 줄기 일부분에 양분을 저장하여 비대한 덩어리 모양을 이루고 있다. 아네모네·카라·시클라멘 등이 있다.

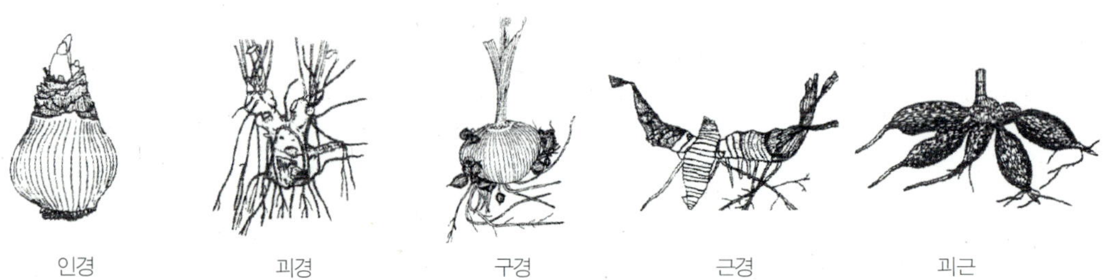

| 인경 | 괴경 | 구경 | 근경 | 괴근 |

구경

주축을 이루는 줄기 아랫부분에 양분을 많이 저장하여 둥근 알 모양을 이룬다. 글라디올러스 · 크로커스 · 프리지아 등이 있다.

근경

수평으로 자라는 뿌리줄기로 대부분 땅속으로 뻗어 자라지만 드물게는 지표면에 뿌리 · 줄기 · 잎을 내기도 한다. 붓꽃 · 아이리스 · 칸나 등이 있다.

괴근

덩이 모양으로 비대하게 생긴 뿌리로, 다알리아 · 라넌큘러스 · 글로리오사 등이 있다.

심는 시기에 따른 분류

구근류는 심는 시기에 따라 춘식春植 구근과 추식秋植 구근으로 구분한다.

춘식 구근

봄에 심어 여름과 가을에 꽃이 피는 것으로, 서리가 오기 전에 캐어 저장한다. 원산지는 열대 지방이며, 높은 온도에서 개화한다. 칸나 · 아마릴리스 · 다알리아 · 글라디올러스 등이 있다.

구근 캐기

11월 중순경에 시든 가지를 10cm 정도 남기고 자른 뒤 구근을 캐서 흙을 제거하고 그늘에서 2~3일 건조시킨다.

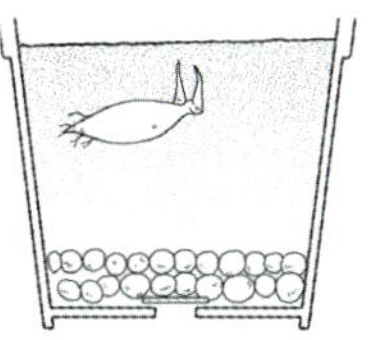

구근 저장
밭흙 5:부엽토 4:훈탄 1

구근 저장

왕겨, 마른 흙, 톱밥과 함께 넣어서 온실이나 지하실에 둔다. 또는 배수가 잘되고 양지바른 곳에 80cm 깊이의 땅에 묻는다. 온도는 5~8℃, 습도는 80% 내외가 적당하다.

구근 심기

이듬해 마지막 서리가 내린 이후에 4월 중순경에 심는다.

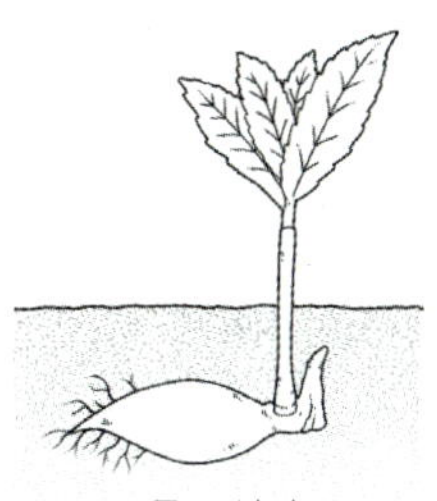

구근 심기

추식 구근

가을에 심어 이듬해 봄에 꽃이 피며, 낮은 온도에서 개화한다. 리코리스·카라·시클라멘·튤립·수선화·아네모네·알리움·아스트로메리아·크로커스·히아신스·무스카리·백합 등이 이에 속한다. 온대 지역이 원산지이다.

구근 수확하기

추식 구근은 6월 하순경에 잎이 1/3 정도 누렇게 되면 구근을 파내어 바람이 잘 통하는 그늘에 말린다. 잎과 줄기가 완전히 누렇게 변하면 잎을 따 버린 뒤 다시 2~3일 정도 말린다. 이것을 양파망 등에 넣어 습기가 없고 건조한 곳에 매달아 둔다.

구근 저장하기

습식 저장 구근을 축축한 톱밥이나 펄라이트에 저장한다. 저온 처리 효과는 높지만 저장 중에 뿌리가 내리므로 심을 때 뿌리와 눈에 상처를 입기 쉽다. 프리지아·나리 등이 있다.

건식 저장 구근만 저장한다. 튤립·구근아이리스·수선화·히아신스 등이 있다.

온실 구근식물

추위에 약하거나 노지 환경에 적합하지 않아서 실내 또는 온실에서 분화용으로 재배한다. 구근베고니아·시클라멘·글록시니아 등이 있다.

구근식물 종류

글록시니아 Gloxinia

춘식 구근으로 타원형의 잎에 벨벳 같은 털이 있고 화려한 나팔 모양의 꽃이 핀다. 따뜻하고 햇빛이 들어오는 곳에 두되 햇빛이 지나치게 강하면 블라인드를 쳐 준다. 꽃이 필 때까지는 습도를 낮게 해 주어야 꽃이 오래 간다. 생육 적온은 20~25℃이고 15℃ 이하에서는 생육이 멈춘다. 비료는 부엽토와 퇴비를 섞어서 주거나 액체 비료를 월 1회 준다. 구근에서 싹이 2개 이상 나오면 1개만 남기고 자른 잎은 잎꽂이 한다. 잎이 물에 닿으면 썩고 색깔이 변한다. 가을이 되어 잎이 시들기 시작하면 물을 적게 주고 환기를 하며, 잎이 완전히 마르면 구근을 10℃ 내외에서 부엽토와 함께 상자에 저장한다.

다알리아 Dahlia

멕시코 고원 지방이 원산지인 국화과 춘식 구근이다. 키는 30cm~2m이고, 꽃의 지름은 3~30cm이며 7월부터 11월까지 핀다. 꽃의 색상은 흰색 · 빨강 · 분홍 · 노랑 · 자주색 등 다양하다. 생육 적온은 15~25℃이며, 추위와 더위에 약하고 서늘한 기후에서 자란다. 토양은 모래 · 부엽토 · 퇴비를 섞어서 사용한다. 번식은 분구(알뿌리 나누기), 종자(키가 30cm인 초왜성종)로 한다. 가지가 무성하면 햇빛과 통풍을 위해 약한 가지를 자른다. 줄기에서 잎이 3~4매 나오면 순지르기하고, 한 줄기에 2~3개의 눈이 나오면 순지르기를 계속 한다.

글록시니아 구근

글록시니아

다알리아 구근(위)과 꽃

리코리스 Lycoris

우리나라 · 일본 · 중국 등지에 야생하는 수선화과의 추식 구근으로, 식물에 독성이 있다. 리코리스는 '석산石蒜'과 '상사화相思花' 두 종류가 있는데, 상사화는 꽃이 필 때는 잎이 없고, 잎이 있을 때는 꽃이 없어 꽃과 잎이 서로 그리워한다는 의미이다. 꽃은 짙은 선홍색 · 분홍색 · 노랑색 · 연보라색 등이 있으며, 꽃자루 위에 4~8송이씩 핀다. 양지 바르고 배수가 잘되는 토양에서 자란다. 구근 재배 방법은 흙 재배 · 수경 재배 · 수태 재배 · 하이드로볼 재배법 등이 있다.

표 2-1 석산과 상사화의 차이

	석산	상사화
꽃	꽃줄기는 30~50cm로, 꽃이 진 뒤 잎이 나온다. 꽃잎이 가늘고 길쭉하며, 꽃술이 꽃잎보다 2배 정도 길게 나오고 화려하다.	꽃줄기는 50~70cm로, 잎이 진 뒤 꽃이 나온다. 타원형의 길쭉한 꽃잎으로 꽃술이 꽃잎보다 약간 길며 단아하다.
잎	가을에 잎이 올라와 월동한 뒤 봄에 잎이 지고 9~10월에 개화한다. 잎 폭이 좁다.	이른 봄에 잎이 올라와 6~7월에 잎이 진 뒤 7~8월에 개화한다. 잎 폭이 넓다.

무스카리 Muscari

지중해가 원산지로, 잎은 작고 폭도 좁다. 가느다란 꽃줄기에 흰색이나 남색을 띤 10송이 가량의 작은 꽃이 포도송이처럼 달려 아래를 향해 핀다. 한 번 심으면 매년 꽃이 핀다. 알뿌리 밑에 생긴 새끼 구근을 7월에 따서 심으면 번식된다. 20℃ 이상의 고온에서는 꽃줄기가 약해지고 수명도 짧다. 화단 가장자리나 바위 사이에 심는다.

수선화 Narcissu

지중해, 유럽이 원산지다. 노란색 또는 흰색의 꽃이 피며 홑꽃과 겹꽃이 있고 향기가 있다. 9~10월에 알뿌리를 심으면 12월부터 이듬해 5월까지 꽃이 핀다. 수경 재배 · 분 재배 · 화단 재배가 가능하다. 수선화는 바위틈에 심으면 더욱 운치 있다. 봄이 일찍 오는 제주도에서 많이 심어 가꾼다.

아마릴리스 Amallylis

남아프리카가 원산의 수선화과 춘식 구근이다. 흰색 · 빨간색 · 노랑색 · 주황색 꽃대가 올라와 나팔 모양의 꽃이 2~4개 핀다. 점질토와 부엽토, 강모래를 3 : 2 : 1의 비율로 섞어 배수가 잘되는 토양에서 잘 자란다. 꽃이 시든 뒤에는 따 버리고 4~7월에 깻묵과 골분 등 알비료를 화분 위에 올려 놓는다. 고온다습한 환경에서 잘 자라며 저온다습하면 자라지 않고 구근에 곰팡이가 생기기 쉽다. 화분 재배 · 화단 재배 · 절

리코리스 구근

무스카리 구근

수선화 구근

아마릴리스 구근

리코리스(상사화)

수선화

무스카리

아마릴리스

아마릴리스

화 재배한다. 10월 말 구근을 캐서 말린 뒤 보관했다가 이듬해 4월에 심는다.

시클라멘Cycramen

지중해 원산의 여러해살이풀로, 앵초과에 속하며, 대표적인 겨울 꽃이다. 9월 중순에 씨앗으로 파종해 이듬해 3차례 이식하면 12월에 알뿌리가 만들어져 구근 중심부에서 잎자루가 나온다. 11월~이듬해 4월까지 꽃이 피고, 빨간색 · 흰색 · 분홍색 등 색상이 다양하다. 나비가 날개를 접은 듯한 꽃 모양이 독특하고 아름답다. 음이온을 방출하고 이산화탄소를 줄여 주는 공기 정화 식물로 인기가 높다.

밝은 빛을 좋아하고 빛이 있는 곳에서는 계속 꽃이 피며, 적정 온도는 13~20℃로, 약간 서늘한 곳에서 기르면 좋다. 꽃이 풍성할 때와 생육기에는 습하게 관리하고, 겨울철에는 서늘하고 햇빛이 잘 비치는 베란다에서 기른다. 다른 식물과 달리 여름철이 휴면기이므로, 꽃이 지는 5월부터 물 주기 횟수를 줄인다. 분갈이 시기는 8월 중순이 좋다.

물을 줄 때는 물이 담긴 그릇에 화분을 담가 두어 화분 표면의 흙까지 물이 흡수되도록 한다. 꽃이 시든 꽃대는 즉시 잘라 준다.

시클라멘은 뿌리가 비교적 굵어 흙 속에서 많은 산소를 필요로 하므로 보수력이 좋은 토양을 사용한다. 배양토는 밭흙 : 부엽토 : 모래를 5 : 3 : 2 비율로 만든다. 6월경 잎이 누렇게 되면서 구근만 남으면 물을 끊어 건조한 상태로 두거나 캐서 그늘지고 건조한 곳에 저장해 두었다가 8월 하순에 새 배양토에 심는다. 이후 알뿌리에서 싹이 크고 잎이 나와 다시 꽃을 피운다.

시클라멘 구근

시클라멘

시클라멘을 오래 보려면?

- 13~20℃ 정도의 시원한 곳에 둔다.
- 물은 화분 가장자리에 준다.
- 꽃을 살 때는 꽃이 많이 핀 것보다 꽃봉오리가 많은 것이 좋다. 햇볕에 두면 계속해서 꽃이 핀다.
- 3주에 한 번 액체 비료를 준다.
- 씨가 달리면 포기가 약해진다.
- 꽃이 시들면 빨리 제거한다. 시든 꽃대를 위로 뽑는다.

온도가 높을 때는 잎이 누렇게 변한다.

시클라멘 구근 관리법

1 4월 이후 물을 조금씩 줄인다.
2 잎이 마르면 물 주기를 멈춘다.
3 마른 잎은 가위로 잘라 낸다.
4 휴면기인 7~8월은 직사광선이나 비를 피하고 통풍이 좋은 곳에 둔다.
5 9월에 새눈이 나온다.
6 뿌리 끝을 1/3 정도 자른 뒤 큰 화분에 분갈이한다.(적옥토 : 부엽토 : 모래 = 2 : 2 : 1)

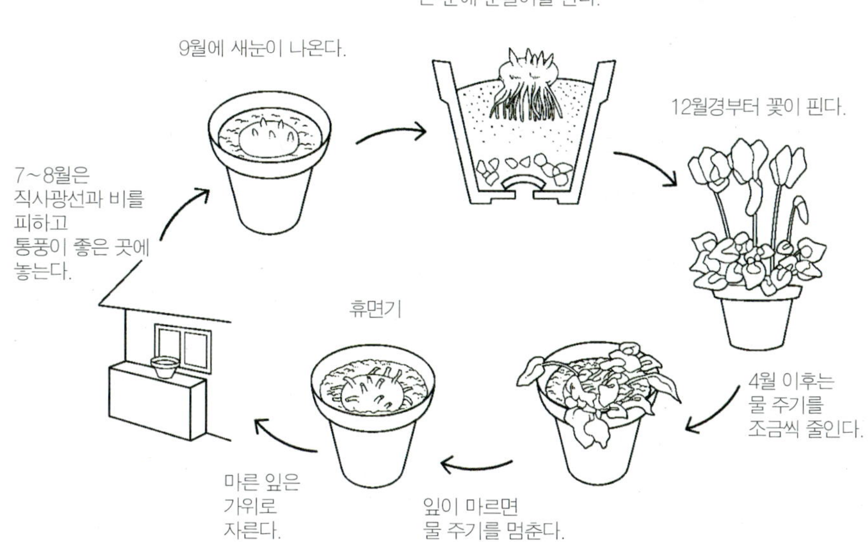

카라 Calla

아프리카가 원산지로 잎은 토란잎과 비슷한 품종도 있다. 물이 잘 빠지는 모래질 토양에서 잘 자란다. 심기 전 완전 발효된 유기질 비료를 밑거름으로 준다. 인산과 칼리가 많이 들어간 비료가 좋다. 질소질 비료를 많이 주면 잎은 무성하지만 잘 쓰러지고 부패병이 발생하므로 주의한다. 어미 알뿌리에서 분구하여 심거나, 잎이 누렇게 말랐을 때 땅속 알뿌리 주위에 생긴 작은 알뿌리(자구子球)들을 심어 번식시킨다. 알뿌리는 잎이 완전히 마른 뒤 캐내야 잘 썩지 않는다. 캐낸 알뿌리는 바람이 잘 통하는 곳에서 말린 뒤 서늘한 곳에 저장한다. 번식용이나 화단용은 2년간, 노지용은 수년 동안 땅속에 그대로 두면 된다.

크로커스 Crocus

붓꽃과로 지중해 연안이 원산지이며, 9~10월에 알뿌리를 심으면 이듬해 2~4월에 꽃이 핀다. 이른 봄 녹은 눈 사이에서 핀다고 하여 '봄의 사자'라고도 한다. 잎은 솔잎처럼 가늘고 광택이 나며 가운데에는 은백색의 무늬가 있다. 꽃은 컵 모양이며, 흰색·노란색·보라색·연한 청색이다. 맑은 날에는 꽃이 잘 피지만, 흐린 날이나 밤에는 오므라든다. 해마다 묵은 알뿌리는 없어지고 새로운 알뿌리가 생겨난다. 유기질이 풍부하고 배수가 잘되는 사질 양토에 심고, 햇빛이 잘 드는 곳에 둔다. 화단에 심을 때는 알뿌리를 3~4년간 캐지 말고 해마다 거름을 섞은 흙을 덮어 준다. 수경재배도 가능하다. 같은 색깔의 크로커스끼리 모아 심으면 색상 배합에 효과적이며, 암석정원 사이에 심으면 잘 어울린다.

카라 구근

카라

크로커스 구근

크로커스

튤립 Tulip

터키가 원산지이며, 종류는 홀꽃과 겹꽃·조생종과 만생종·왜성종과 고성종 등이 있고, 꽃의 색도 붉은색·노란색·보라색·흰색 등 다양하다. 햇빛이 강하고 온도가 높으면 꽃이 활짝 피나 수명은 짧다. 실내에서는 온도가 낮은 곳에서 키워야 꽃을 오래 볼 수 있다. 10월 상순~11월 하순에 알뿌리를 심으면 이듬해 4~5월에 꽃을 감상할 수 있다. 6월 중순경 잎이 누렇게 변했을 때 뿌리 부분의 흙을 파내면 묵은 것은 없어지고 크고 새로운 알뿌리 2~3개가 생긴다. 이것을 캐내 그늘에서 2주간 말린 뒤 10월에 알뿌리 윗부분이 살짝 보일 정도로 흙을 얕게 파 심는다. 이때 밭흙 : 퇴비 : 모래를 5 : 3 : 2 비율로 섞고 깻묵과 나뭇재를 약간 섞어 밑거름으로 주면 좋다. 알뿌리를 크게 키우려면 겨울 동안 1회, 꽃이 핀 뒤에는 1~2회 액체 비료를 준다. 튤립은 뿌리가 가늘고 부드러워 상하기 쉬우므로 비료가 직접 닿지 않도록 주의한다.

히아신스 Hyacinth

지중해 연안과 서아시아가 원산지인 백합과 식물로, 흰색·분홍색·보라색·노란색 등의 꽃잎이 모여 피고 잎은 뭉쳐난다. 영하 10℃에서도 뿌리가 얼지 않는다. 향기가 강하고 수경 재배로 가장 많이 이용된다. 꽃이 핀 후에는 지나치게 건조하면 구근이 커지지 않으므로 일주일에 한 번 물을 준다. 10월에 알뿌리를 심으면 이듬해 3~4월에 꽃이 핀다. 배수가 잘되고 너무 건조하지 않은 사질 토양에 심고, 밑거름으로 퇴비·깻묵·재를 잘 섞어 30cm 깊이로 갈아 준다.

튤립 구근

튤립

히아신스 구근

히아신스

관엽식물

식물의 관상 부위를 잎·꽃·열매로 나눌 수 있는데, 관엽식물은 잎의 모양·색·무늬 등을 관상하는 원예 식물을 의미한다. 대부분의 관엽식물은 원산지가 열대~아열대로, 고온다습한 환경에서 잘 자란다. 잎이 아름답고 종류가 다양해서 선택의 폭이 넓다. 음지에서 잘 자라며, 줄기를 잘라도 번식이 잘되고 병해가 적어 초보자들도 키우기 쉽다.

관엽식물의 기능

실내 습도·온도 조절

식물은 기공을 통한 증산과 식재 용토(흙)에서 증발하는 수분에 의하여 실내 습도를 조절한다. 실내 대기가 건조하면 증산·증발량이 증가하고, 습하면 감소하는 자기조절 능력이 있다. 실내 면적의 5~10% 정도의 식물을 배치하면 습도를 20~30% 높일 수 있고, 여름철과 겨울철에는 실내 온도를 1~3℃ 정도 낮추거나 높일 수 있다. 높이 1.8m인 아레카야자는 증산작용으로 하루에 1 l 정도의 수분을 방출한다.

공기 오염 물질 제거

실내에는 건축재료·세탁용재·카펫 접착제·가구류·페인트 등에서 방출되는 약 300여 개의 휘발성 유기물질(Volatile Organic Compounds : VOC)이 존재한다. 이러한 물질은 독성을 가지고 있으며 발암성 유발 물질 중 하나이다. 특히 합성 건축재를 다량 사용한 새집일수록 많이 존재한다. 이러한 오염 물질은 식물의 잎과 뿌리 부근의 미생물에 의하여 흡수 및 분해된다.

표 2-2 공기 오염 물질을 제거하는 식물

공기 오염 물질	공기 오염을 제거하는 식물
포름알데히드 Formaldehyde	드라세나 맛상게아나(행운목), 산세베리아, 스킨답서스, 국화, 접란, 필로덴드론
벤젠 Benzene	드라세나 마지나타, 국화, 거베라, 드라세나 와네키, 아이비, 스파티필름
트리클로로에틸렌 Trichloroethylene	드라세나 마지나타, 국화, 스파티필름, 드라세나 와네키, 거베라

음이온(공기 비타민) 발생

음이온이란 공기 중에 있는 음전하를 띤 미립자를 뜻하며, 신진대사를 원활하게 하고 세포 기능을 활성화한다. 숲속 · 폭포 · 계곡의 물가 · 분수 등에서 발생한다. 식물은 증산작용에 의해 물 분자가 쪼개지면서 음이온이 발생하며 증산량이 많을수록 음이온 발생량이 많다. 대기오염 물질인 양이온은 음이온 주위에 모여 서로 중화되어 오염 물질을 제거한다.

음이온이 발생하는 식물 심비디움 · 팔손이 · 스파티필름 · 관음죽 · 산세베리아 등.

미세먼지 제거

기공을 통해 미세먼지를 흡수하거나 잎 표면에 있는 털 등에 미세먼지를 붙여서 제거한다.

표 2-3 오염 물질의 종류(실내 오염 물질 및 건강에 미치는 영향, 대기환경연구회, 2001)

오염 물질	발생원	인체 영향
분진	대기 중 분진이 실내로 유입	규폐증, 진폐증, 탄폐증, 석면폐증
담배 연기	담뱃재 · 권련 · 파이프담배 등	두통 · 피로감 · 기관지염 · 폐렴 기관지 천식 · 폐암
연소 가스	각종 난로(석탄, 가스, 석유), 벽난로, 연료연소, 가스레인지	만성 폐질환 · 기도 저항 증가 · 중추신경 영향
포름알데히드	각종 합판 · 보드 · 가구 · 단열재(UFFI) · 소취제 · 담배 연기 · 화장품 · 옷감	눈 · 코 · 목 자각증상, 기침, 설사, 어지러움, 구토, 피부질환, 비암, 정서불안정, 기억력 상실
석면	단열재 · 절연재 · 석면타일 · 석면 · 브레이크, 방열재 등	피부질환 · 호흡기 질환 · 석면증 · 폐암 · 중피종 · 편평상피
유기용제	페인트 · 접착제 · 스프레이 · 연소 과정 · 세탁소 · 의복 · 방향제 · 건축자재 · 왁스	피로감 · 정신착란 · 두통 · 구역 · 현기증 · 중추신경 억제 작용

식물에서 발생하는 화학물질, 피토케미컬

식물에서 분비되는 화학 물질인 피톤치드 · 허브 향 · 향기 · 정유 등을 '피토케미컬Phytochemical'이라고 한다. 피톤치드는 나무 향, 허브 향은 초본류 식물의 향, 향기는 꽃의 향이다. 피톤치드는 Phyton(식물)와 cide(살균력)의 합성어로서, 식물들이 만들어 내는 살균성 물질을 통칭하며, 쾌적감 · 탈취 효과 · 향균 · 방충 효과가 있다. 특히 라벤더 · 캐모마일 · 고추냉이 · 겨자 등은 항균 효과가 높다. 또한 일부 향은 스트레스 호르몬인 코르티솔Cortisol 농도를 감소시켜 스트레스 완화 효과가 있다.

관엽식물의 재배 관리

관엽식물은 최저 기온이 15℃ 이상이 될 때까지는 실내에 두어야 한다. 햇볕을 좋아하는 종류는 4월 말이 지난 뒤에 실외에 내놓아도 괜찮다. 이 경우, 겨울 동안 약한 햇볕에 순응된 식물은 상관없지만, 실내에서 햇볕이 들지 않는 곳에 있었던 화분은 서서히 길들이는 과정이 필요하다. 갑자기 내놓으면 식물이 햇볕에 의해 화상을 입는다.

가을이 되면 기온 변화에 주의를 기울여야 한다. 늦어도 10월 하순에는 실내에 들여놓아야 한다.

고온다습한 여름은 관엽식물이 가장 생육하기 좋은 계절이다. 햇볕이 지나치게 강할 때는 나무 그늘 밑에 두거나 블라인드 또는 발로 햇빛을 가려 준다.

실내에 두는 화분은 냉방기의 냉기를 직접 맞지 않는 장소에 둔다. 광선이 부족한 겨울에는 되도록 창가에 두어야 한다. 그러나 야간에는 창가에 냉기가 스며들므로 커튼으로 가리고 화분을 안쪽으로 옮겨 놓는다. 또 추위에 강한 종류도 난방이 된 따뜻한 거실에 있던 화분을 갑자기 추운 장소로 이동하면 상할 수 있다.

물 주기

관수 횟수는 식물의 종류 · 재배 장소 · 토양 · 화분의 크기에 따라 다르다. 높은 온도 · 높은 광도 · 낮은 습도에서는 물을 자주 준다. 수온은 20℃가 적당하며 시들기 직전 즉, 겉흙이 마르면 준다. 습도가 너무 높으면 토양의 공기 함량이 낮아져 뿌리가 부패하게 된다.

광선

광선은 식물의 탄소 동화 작용과 생육에 중요한 환경 요인이다. 광도(빛의 세기)에 따라 직사광선, 반직사광선, 약광선으로 분류한다. 광선에는 자연광선인 햇빛과 인조광선인 형광등 · 백열등이 있다. 빛이 적은 곳에서는 인공 광선을 설치하여 보충해 주고, 빛이 강한 곳에서는 발이나 커튼 등을 이용하여 조절한다.

온도

대부분의 관엽식물은 원산지가 열대~아열대이므로 25~30℃가 적당하다. 고온성 식물은 최저 한계 온도가 15℃, 저온성 식물은 5℃이므로 재배에 유의해야 한다. 하루 중 최저 온도는 해 뜨기 직전이므로, 이때 최저 온도를 측정한다.

공중 습도

공기 중에 함유되어 있는 습기의 정도를 말한다. 관엽식물은 60~70%의 공중 습도가 요구되는데, 평균 실내 습도가 30~40% 정도이므로 잎끝이 마르고 윤기가 없어지기 쉽다. 토양이 건조하고 공중 습도가 높을 때 생육이 좋아지므로 습도를 높게 유지하는 것이 중요하다.

환기

공기의 흐름이 원활하지 않으면 건조해지기 쉬워 깍지벌레·응애 등의 벌레가 발생하게 된다. 창문을 열거나 환풍기 등을 이용하여 환기한다.

토양

토양은 식물체를 지지하는 역할 뿐만 아니라 물과 양분을 전달한다. 좋은 토양이란 통기성·배수성·보비성·보습성이 좋은 무균 상태의 토양이다. 펄라이트·피트모스·부엽토 등이 있다.

비료

관엽식물은 잎을 관상하는 식물이므로 인산이나 칼륨보다 질소 비료가 좋다. 그러나 잎에 무늬가 있는 종류는 질소 비료를 많이 주면 생장은 왕성해지지만 잎에 엽록소(녹색)가 많이 나타나면서 무늬가 희미해진다. 월 2회 수용성 하이포넥스 비료를 물에 1,000배 희석해서 주거나 고형 알비료를 토양 위에 올려 두는 것이 이상적이다.

병충해

깍지벌레(개각충)·응애·민달팽이·온실가루이(White fly) 등이 있다.

병충해 예방법

- 시든 잎을 따 준다. 시들어 가는 잎은 식물에서 양분을 빼앗아 버린다. 그대로 두게 되면 다른 잎까지 영양이 부족해져서 시들기 쉬우므로 미리 따서 없애 준다.
- 햇볕과 통풍이 좋은 곳에 놓아 둔다. 겨울철 실내에 들여 놓으면 밀폐된 공간이라 식물이 시들고 병드는 경우가 많다. 햇볕이 잘 드는 한낮에는 베란다에 잠시 내놓거나 방문을 열어 집 안을 환기해 주는 것이 좋다.
- 실내에서 가장 많이 발생하는 진딧물이나 깍지벌레 등은 잎 표면을 칫솔로 살살 문지르면 떨어져 나간다. 가끔씩 이파리를 깨끗하게 씻어 주고, 잎의 앞뒷면을 자주 분무해 준다.

전지와 전정

아름다운 수형을 만들기 위해서는 웃자란 가지나 줄기 또는 병든 잎을 자르고 정리
해 주어야 한다. 잎이 많아지면 통풍이 잘되지 않고 광선도 차단되어 병충해가 발생
한다. 아래로 늘어지거나 교차되거나 한쪽 방향으로 웃자란 가지는 자르고 많은 잎
은 솎아 준다.

잎 닦아 주기

잎에 먼지가 끼면 기공이 막혀 햇빛을 차단하여 광합성 작용이 좋지 않게 된다. 잎이
크고 윤기가 나는 잎은 물을 적신 스펀지로 먼지를 닦아 낸다. 우유나 식용유 등은
사용하면 안 된다. 작은 식물은 분무기로 물을 뿌려 잎의 먼지를 제거하며, 털이 난
잎은(렉스베고니아 · 아프리칸 바이올렛 등) 부드러운 솔로 털어 준다.

식물이 실내 오염 물질을 제거한다

1 공기 중에 있는 오염 물질을 식물 잎
   뒷면에 있는 기공이라는 잎의 미세
   한 구멍을 통해 흡수한다.

2 뿌리로 흡수된 물이 잎의 기공을 통
   해 밖으로 배출되는 것을 증산작용
   이라 한다. 이때 방출되는 음이온은
   상당수의 오염 물질(양이온)과 반응
   하여 오염 물질을 중화 · 제거한다.

3 증산작용에 의해 일어나는 대류는
   오염 물질을 토양으로 운반한다.

4 식물체 뿌리는 토양 미생물이 잘 번
   식하고 유지될 수 있도록 다양한 영
   양분을 제공한다.

5 뿌리 주위에 있는 토양 미생물은 오
   염 물질을 미생물이나 식물체가 사
   용할 수 있는 무기물로 분해한다.

공간별 맞춤 공기 정화 식물

침실

빛이 많지 않은 곳에서도 잘 자라는 식물이 적합하다. 야간에 오염 물질 제거 및 산소 공급을 해 주는 식물을 두면 숙면을 취해 상쾌한 아침을 맞을 수 있다. 밤에 공기를 정화해 주는 효과가 있는 호접란·선인장·다육식물 등이 적합하다.

거실

거실은 가족들이 한데 모여 생활하는 공간인 동시에 손님을 맞이하는 공간이다. 식물들을 잘 배치해 놓고 기르면 실내 공기를 맑게 하는 데 도움이 될 뿐만 아니라 인테리어 연출에도 큰 효과를 볼 수 있다. 가족의 활동량이 많은 거실에서는 포름알데히드나 벤젠이 많이 발생하는데, 식물은 이러한 유해물질을 정화하여 거실 환경을 쾌적하게 만든다. 거실에서 키우기 좋은 식물로는 빛이 적어도 잘 자라면서 휘발성 유기 화학물질(VOC)을 제거하는 효과가 큰 아레카야자·인도고무나무·보스턴고사리·네프로네피스·드라세나 등이 적합하다.

베란다

베란다는 외부 공기가 유입되는 통로이다. 공간의 특성상 미세먼지나 분진 등으로 오염된 외부 공기가 실내로 진입하는 것을 차단시킬 수 있는 기능성 식물들이 어울린다. 양지바른 곳에서 잘 자라면서 VOC를 제거해 주는 효과가 있는 팔손이·분화국화·시클라멘·꽃베고니아·허브류가 적합하다.

침실에 놓인 호접란

거실에 놓인 네프로레피스

베란다에 놓인 국화

공부방

학습 능력을 향상시키고 기억력을 강화해 주며, 음이온을 방출하여 컴퓨터나 각종 가전제품의 전자파를 차단하며 공기를 정화하여 머리를 맑게 해 주는 식물이 어울린다. 이산화탄소 흡수와 기억력 향상 등의 효과가 있는 필로덴드론(음이온 발생) · 파키라(이산화탄소 흡수) · 로즈메리(기억력 향상) 등이 적합하다.

주방

조리 중 발생하는 일산화탄소를 제거해 주는 식물의 배치로 탁해진 주방의 공기를 정화할 수 있다. 스킨답서스 · 산호수 · 아펠란드라 · 아이비가 적합하다.

욕실

악취를 제거하여 상쾌한 공간으로 만들어 주는 정화 능력이 뛰어난 식물들이 어울린다. 또한 빛이 들지 않고 매우 습한 공기가 유지되기 때문에 습기에 강하면서 빛이 부족한 상황에서도 잘 자라는 식물을 선택한다. 암모니아 등 냄새와 가스를 제거하는 관음죽 · 스파티필름 · 안슈리움 · 맥문동 · 테이블야자 · 싱고니움이 적합하다.

현관

아황산 · 아질산 등 실외 대기오염 물질을 없애 주는 벤자민고무나무 · 스파티필름이 적합하다.

주방에 놓인 산호수

욕실에 놓인 안슈리움

현관에 놓인 스파티필름

관엽식물의 형태에 따른 분류

직립형 식물 Upright Plants
수직으로 곱게 자라는 식물이다. 골드크레스트 윌마 · 디펜바키아 · 백량금 · 크로톤 · 드라세나 마지나타 · 드라세나 맛상게아나 · 디펜바키아 · 산세베리아 · 아글라오네마 · 아라우카리아 · 파키라 · 폴리시아스 · 칼라데야 마코야나 등이 있다.

아치형 식물 Arching Plants
잎자루, 줄기, 가지 등이 뿌리에서 완만한 곡선을 그리며 넓어져 전체적인 모양이 아치형을 보이는 식물이다. 군자란 · 관음죽 · 아레카 · 알로카시아 · 네프로레피스 · 벤자민고무나무 · 스파티필름 · 테이블야자 등이 있다.

로제트형 식물 Rosette-Shaped Plants
생장점을 중심으로 자라나는 식물로, 식물 중앙에서부터 방사형을 만들며 자라나는 식물이다. 구즈마니아 체리 · 틸란드시아 시아네아 · 아나나스 · 아스플레니움 아비스 · 에크메아 파시아타 · 아프리칸 바이올렛 · 헤마리아 등이 있다.

관목형 식물 Bushy Plants
식물 전체 높이가 낮으며, 여러 개의 가지가 사방으로 퍼져 나가며 자라나는 식물이다. 포인세티아 · 아디안텀 · 아잘레아 · 아펠란드라 · 안슈리움 · 익소라 · 시클라멘 · 자트로파 · 팔손이 등이 있다.

넝쿨성 식물 Climbing Plants
벽이나 나무 등을 타고 뻗는 식물이다. 만데빌라 · 산호수 · 스킨답서스 · 아이비 · 싱고니움 · 재스민 · 클레로덴드럼 · 필로덴드론 · 호야 등이 있다.

지피형 식물 Ground Cover
줄기가 바닥에 덮여 퍼져 나가는 식물이다. 고양이발톱고사리 · 넉줄고사리 · 도깨비쇠고비 · 솔레이로리아 · 자금우 · 피토니아 · 필레아글라우카 · 푸밀라 · 뮤렌베키아(유통명 : 트리안) 등이 있다.

공기 오염을 제거하는 관엽식물

네프로레피스

산세베리아 스투키

드라세나 마지나타

드라세나 맛상게아나

스킨답서스

아이비

심비디움

팔손이

관음죽

벤자민고무나무

다육식물

다육식물(多肉植物, Succulent Plant)은 사막에서 생존하기 위해 잎과 줄기가 다육화된 것으로, 저수조직貯水組織이 발달하여 건조에 강하다. 저수조직은 식물의 줄기나 잎의 조직 중에서 특히 수분을 저장해 두는 유연한 조직으로, 선인장이 대표적이다. 다육식물 가운데는 꽃이 아름다운 것 또는 줄기나 잎의 형태와 색상이 다양하고 특이한 것이 많다. 잎은 건조한 환경을 좋아한다.

50과 1만 종에 달하며, 자생지는 아프리카·인도·멕시코·남아프리카 등 건조한 기후대의 건기와 우기가 반복되는 지역이다. 건기에 말라 죽은 것 같은 휴면 상태였다가 우기에 비가 오면 살아나고 새싹이 나와 생장한다. 수분 흡수가 어려운 건조 지대에서 몸속에 수분을 저장하고 그것이 빠져나가지 않도록 잎에 있는 기공이 작아져서 잎 표면이 단단하다. 낮에는 기공을 닫아 대기로부터 이산화탄소를 적게 받아들이고, 밤에는 기공을 열어 산소 배출량이 많다.

다육식물의 재배 관리

물 주기

화분 흙이 충분히 마른 뒤에 준다. 물을 많이 주면 뿌리가 썩거나 웃자라며, 영하의 날씨에는 잎이 얼어 버리므로 주의한다. 여름철에는 잎에 물이 닿지 않도록 주의한다.

광선

봄·가을·겨울에는 직사광선에서, 여름에는 반직사광선에서 키운다.

온도

생육 적온은 10~25℃이다. 일교차가 크면 잎의 색이 아름답게 변한다. 에케베리아·연봉 등 잎이 두툼하고 하얀 가루가 있는 종류는 추위에 강하고, 카라솔·염좌·부용·흑법사 등 잎이 얇고 투명한 것은 추위에 약하다.

토양

마사토와 배양토를 1 : 1 비율로 섞은 배수가 잘되고 통기성이 좋은 토양에 심는 것이 좋다. 다육식물 뿌리는 산성 물질을 분비하므로 펄라이트 · 석회 · 숯 등을 섞어 주면 토양의 산성화를 방지한다.

비료

석회를 물에 희석해 주면 꽃이 빨리 핀다. 비료가 과하면 본래의 형태가 없어진다. 웃거름은 월 1회, 2,000배액으로 희석한 액체 비료를, 밑거름은 복합비료를 준다.

번식

종자, 포기나누기, 잎꽂이, 접목이 있다. 번식력이 강해 잎 한 장을 흙 위에 놓기만 해도 뿌리를 내려 하나의 개체를 만든다.

분갈이

뿌리에서 흙을 털고 뿌리가 긴 것은 잘라 준다. 분갈이한 뒤 3일 뒤에 물을 준다.

통풍

환기를 자주하여 병해충이 발생하지 않도록 관리한다.

병충해

깍지벌레 · 진딧물 등이 있다.

다육식물의 분류

다육질화된 부위에 따라서 4가지로 분류한다.

표 2-4 다육식물의 종류

다육질 부위	식물 이름
잎이 다육질인 식물	용설란과 · 돌나물과 · 쇠비름과 · 석류풀과 · 백합과 등
줄기가 다육질인 식물	선인장과 · 대극과 · 박주리과 등
줄기 기부가 다육질인 식물	협죽도과의 파키포디움 속 · 아데니움 속 등
뿌리가 다육질인 식물	참마과의 구갑룡 등

다육식물 종류

게발선인장

줄기가 게의 발처럼 마디마디가 있어 게발선인장이라고 한다. 일조시간이 짧아야 꽃이 핀다. 온도가 낮으면 꽃이 떨어진다. 꽃은 마디 끝에서 11~2월에 붉은색·흰색·주황색으로 핀다. 두 마디 정도 잘라 물속이나 흙에 꽂으면 뿌리가 내린다.

꽃기린

솟아오른 모양이 기린을 닮았다고 하여 붙여진 이름이다. 옆으로 가지가 뻗어 날카로운 가시가 많이 달려 있으며 잎은 많지 않다. 붉은색·노란색 꽃이 계속해서 핀다. 열대지방에서는 2m 높이까지 자란다. 번식은 줄기를 3㎝ 정도 잘라 흙에 꽂는다. 이때 나오는 유액(흰 액체)은 물로 깨끗이 씻은 뒤 말려야 썩지 않는다.

꿩의비름

전국 각처 산지에서 자라는 여러해살이풀이다. 여름부터 늦가을까지 줄기 끝에서 작은 꽃이 뭉쳐서 옆으로 퍼지며 핀다. 꽃은 흰 바탕에 약간 붉은색이 돈다. 잎도 관상 가치가 있어 한 종류를 모아 심으면 보기 좋다. 이른 봄이나 여름에 줄기를 5㎝ 정도 잘라 흙에 꽂으면 뿌리가 내리며, 종자나 포기나누기로도 번식한다.

게발선인장

꽃기린

꿩의 비름

녹영 Senecio rowleyanus

녹색의 구슬 모양을 하고 있어 녹영이라고 한다. 완두콩 모양으로 길게 연결한 다육
질 줄기는 60*cm* 이상 자란다. 햇빛을 충분히 받아야 잎이 통통한 콩 모양이 된다. 가
을에 자주색 점이 있는 흰 꽃이 핀다. 최저 온도는 10℃이며, 온도가 낮고 토양이 습
한 경우에는 물러 버린다.

디스키디아 Dischidia

고온다습한 열대우림에서 나무줄기 등에 이끼와 함께 붙어 자라는 착생식물이다. 붉
은색 꽃이 진 뒤 완두콩 모양의 열매가 열려 점점 커진다. 열매 속에는 깃털이 있고
씨앗이 있다. 번식은 종자 또는 줄기를 잘라 심는다. 봄·가을·겨울에는 직사광선,
여름에는 반직사광선에 두는 것이 좋으며, 물은 토양이 바싹 마르면 주고 과습은 좋
지 않다. 적온은 20~25℃이며, 최저 온도는 13℃ 내외이다.

러브체인 Love Chain

건조에 강한 덩굴성 다육식물이다. 잎이 하트 모양이며, 줄기 마디마디에 구근이 생
긴다. 저온다습하면 물러 버리므로 물은 흙이 바싹 마른 뒤에 주고, 장마철이나 겨울
에는 더욱 건조하게 키운다. 직사광선과 반직사광선에서 잘 자라며, 빛이 부족하면
줄기가 길어지고 잎이 얇아진다. 번식은 줄기를 5*cm* 정도 잘라 물속이나 흙에 꽂는
다. 또는 줄기에 생긴 구근을 잘라 심는다. 적온은 20~25℃, 월동 온도는 5℃이다.

녹영

디스키디아

러브체인

세네시오 아이비 Senecio Ivy

잎의 형태는 관엽식물 아이비와 비슷하지만, 다육질이며 녹색 바탕에 짙은 크림색 무늬가 있다. 잎이 두꺼워서 과습하면 물러지기 쉽다. 적온은 15~25℃이며 최저 한계 온도는 10℃ 이상이다. 한여름에만 반직사광선에 두고 직사광선 또는 반직사광선에 두고 키운다. 꽃은 노란색으로 핀다.

송엽국

남아프리카가 원산지인 상록성 다육 여러해살이풀이다. 잎은 솔잎을, 꽃은 국화를 닮았다고 해서 '송엽국'이라고 불리며 '사철채송화'라고도 한다. 높이 20cm로, 4~6월에 꽃이 피며, 햇빛이 있을 때 피고 저녁에는 오므라든다. 꽃잎이 매끄럽고 윤기가 흐른다. 내한성이 강하며 번식은 줄기꽂이로 한다.

에케베리아 Echevieria

잎이 연꽃 또는 장미 모양으로 둥글게 층층이 쌓여 있다. 고온 건조한 기후에서 잘 자란다.

오색 포체리카 Portulaca

여러해살이풀로, 온대와 아열대 지방에 분포한다. 햇빛을 받으면 잎이 핑크색으로 변해서 '카멜레온'이라고도 하고, '베트남 채송화 · 태양화 · 무늬 쇠비름' 등 다양한 이름으로 불린다. 아침에 피었다가 저녁에 시드는 특징이 있고, 잎이 화려하고 꽃은 분홍색을 띤다. 물은 흙이 말랐을 때 주고, 장마철에 비를 맞으면 잎이 녹아버릴 수 있으므로 비를 맞지 않도록 관리한다. 직사광선이나 반직사광선에서 재배하며 빛이 부족하면 웃자라고 꽃도 피지 않는다. 생육 적온은 20~30℃이고, 최저 온도는 10℃ 이상이다. 봄부터 가을까지는 실외에서, 11월 초순부터는 실내에서 키운다. 꽃을 많이 보고 싶다면 월 2회 비료를 준다. 번식은 씨앗이나 줄기꽂이로 한다.

세네시오 아이비

에케베리아

송엽국

오색 포체리카

칼랑코에 *Kalanchoe*

잎이 두껍고 수분이 많으며 잎 사이에서 꽃대가 올라와 별 모양의 작은 꽃이 무리 지어 핀다. 늦겨울~초봄까지 긴 줄기 끝에 20~50송이의 작은 꽃이 흰색·빨간색·주황색·노란색·분홍색 등 다양하게 핀다. 홑꽃과 겹꽃이 있는데, 겹꽃 칼란디바 (Calandiva)는 홑꽃보다 오래 간다. 꽃이 핀 뒤 지속 기간이 길어서 '불로초'라고도 불리며, 실내에서 키우는 꽃식물로 매우 인기가 많다.

햇빛이 잘 들고 따뜻한 곳에 두고 기르며 하루에 두 번 정도 창을 열어 환기를 시켜 주면 좋다. 잎이 두꺼우므로 물은 화분의 흙이 말랐을 때만 가끔 주고, 너무 습하게 관리하면 뿌리가 썩기 쉬우므로 많이 주지 않는다. 특히 여름철에는 습도가 높으므로 자주 통풍을 해 주는 것이 좋다. 꽃이 진 것은 즉시 따 주어야 다른 봉오리들의 꽃이 잘 핀다. 분갈이는 매년 봄에 한다.

여러 식물을 모아 심을 때 같이 심어 주면 화사하게 꾸밀 수 있고, 단색 화분에 심으면 잎과 꽃의 색이 돋보인다. 직사광선과 반직사광선을 좋아하므로 실내 창가에서 키운다. 빛이 강한 쪽으로 꽃이 굽는 현상이 심하므로 화분을 돌려가면서 두어야 꽃대가 한쪽 방향으로 기울지 않는다. 15~20℃에서 잘 자라며 최저 온도는 5℃ 이상이다. 단일성 식물이므로 하루에 빛을 12시간 이하로 짧게 받아야 꽃대가 올라온다.

십이지권

홍옥

바위솔

캉캉

천대정금

나비칸스

꽃염좌

까라솔

다양한 조개껍데기를 이용한 다육식물 심기

파필러스

흑범사

식충식물

식충식물(食蟲植物, Insectivorous Plant)은 잎면 또는 잎의 변형물에 특수한 구조를 갖추고 곤충류를 잡아서 양분으로 섭취한다. 고산지대의 습한 암벽이나 습원에서 자생하는 여러해살이풀로, 아프리카·열대아시아·북미 등 전 세계에 걸쳐 분포하고 있다. 기묘한 포충 기관捕蟲器官이 있어 분화 재배로 관상한다. 대표적인 것으로 네펜데스nepenthes · 벌레잡이제비꽃 · 끈끈이주걱 · 파리지옥 · 사라세니아sarracenia가 있다.

식충식물의 재배 관리

물 주기
흙이 약간 습한 것이 좋으나 과습 상태에서는 뿌리가 약해진다.

햇빛
햇빛을 좋아하여 양지바른 곳이 적당하다. 여름철은 반직사광선에서 재배한다.

온도
최적 온도는 25~30℃이다. 열대산의 네펜데스는 최저 15℃ 이상, 온대산인 사라세니아 · 끈끈이주걱 · 파리지옥은 최저 5℃에서 재배한다.

토양
산성 토양(pH 5.0)인 피트모스에서 재배한다.

공중 습도
70% 내외

번식
줄기꽂이 : 네펜데스
종자 : 끈끈이주걱, 벌레잡이제비꽃
포기나누기 : 끈끈이주걱, 벌레잡이제비꽃, 파리지옥

네펜데스 삽목하기

장마철에 실시, 잎에 하나 붙은 마디의 중앙에서 잘라 물이끼에 꽂는다. 약 30일 뒤
에 뿌리가 내린다.

줄기를 자른다.

용기 밑에 젖은 하이드로볼을 깔고
그 위에 수태를 넣고 삽목한 네펜
데스 화분을 넣는다.

유리 용기 위에 뚜껑을 덮어 습도
를 유지한다.

식충식물의 분류

식충식물은 포충엽, 즉 벌레를 잡아 소화하는 잎의 생김새에 따라 4가지로 구분한다.

함정형
사라세니아나처럼 낭상엽(주머니잎)에 떨어진 벌레가 밖으로 달아나지 못하게 하는
형태

점모형
끈끈이주걱의 털이나 벌레잡이제비꽃의 점엽 등과 같이 접착력을 이용하는 형태

낭정형
네펜데스의 주머니 잎처럼 문이 달린 주머니 안으로 벌레를 빨아들이는 형태

폐합정형
파리지옥과 같이 잎사귀 전체가 닫히면서 벌레를 가두는 형태

식충식물 종류

끈끈이주걱

끈끈이주걱과의 여러해살이풀로, 햇빛이 잘 드는 습지에서 자란다. 줄기는 20*cm* 정도이며, 흰색 꽃이 7월에 줄기 끝에 이삭 모양으로 핀다. 가늘고 긴 주걱 모양의 잎이 뿌리에서 뭉쳐 나온다. 새잎이 나올 때는 푸른색이나 점점 붉게 변한다. 잎 표면의 붉은색 긴 털에 곤충이 닿으면 끈끈한 액체를 내어 벌레를 잡는다. 습도가 부족하면 점액질이 잘 생기지 않아 벌레를 잡을 수 없다. 잎꽂이나 종자로 번식한다.

네펜데스 Nepenthes

중국·말레이시아 원산의 덩굴성 상록 여러해살이풀로, '벌레잡이통풀'이라고도 한다. 긴 타원형의 잎 한가운데를 세로로 통하는 굵은 잎맥이 자라 끝에 벌레 잡는 통을 만든다. 통 입구와 주변 뚜껑에 꿀샘이 있어서 벌레를 유인한다. 꽃은 검은 자주색이다. 고온다습한 환경을 좋아하며, 적온은 20~35℃이고 최저 한계 온도는 20℃이다. 공중 습도는 70% 이상의 습도를 유지하기 위해 분무기로 물을 자주 뿌려 주는 것이 좋다. 반직사광선에서 자라고 한여름 직사광선에서는 잎이 탄다. 번식법은 줄기꽂이로, 6~7월에 줄기를 잘라 이끼에 심는다.

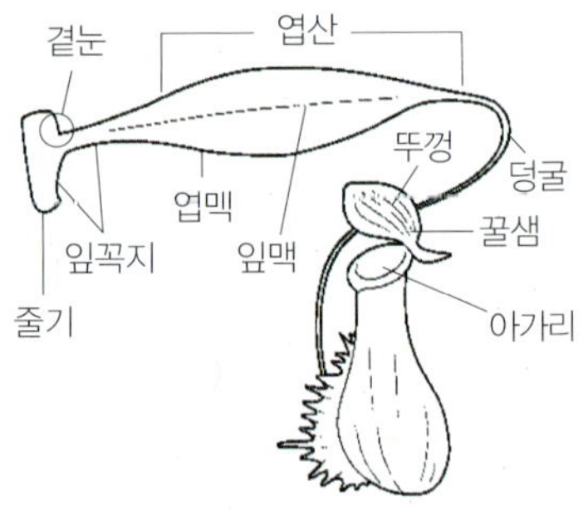

네펜데스의 낭상엽 구조

끈끈이주걱

네펜데스

네펜데스

벌레잡이제비꽃

북아메리카와 북반구가 원산지인 통발과 여러해살이풀이다. 잎은 뿌리에서 뭉쳐나고 옆으로 퍼지는데, 긴 타원형으로 안쪽으로 말리며 가장자리가 밋밋하다. 잎의 뒷면에 있는 털에서 점액이 분비되며, 여기에 벌레가 붙으면 점액의 침투 작용에 의해 죽는다. 잎 사이에서 1~4개의 꽃줄기가 생겨나 꽃이 하나 핀다. 꽃은 자주색이고 제비꽃 모양이다.

파리지옥

북아메리카 남부가 원산지인 끈끈이귀갯과의 여러해살이풀이다. 높이는 10~40cm이며 잎은 뿌리에서 뭉쳐 나온다. 잎은 쌍조가비 형태이며 가장자리에 가느다란 돌기가 일렬로 다수 돋아 있다. 2개의 잎 안쪽에는 비늘 모양의 감각모가 각각 3개, 총 6개 있다. 여기에 곤충이 닿으면 0.5초 안에 잎이 오므라들면서 포획한다. 5~7월에 흰 꽃이 피며, 5~35℃에서 자라며 포기나누기로 번식한다. 겨울철 0℃에서 휴면을 해야 이듬해 식물체가 튼튼하다.

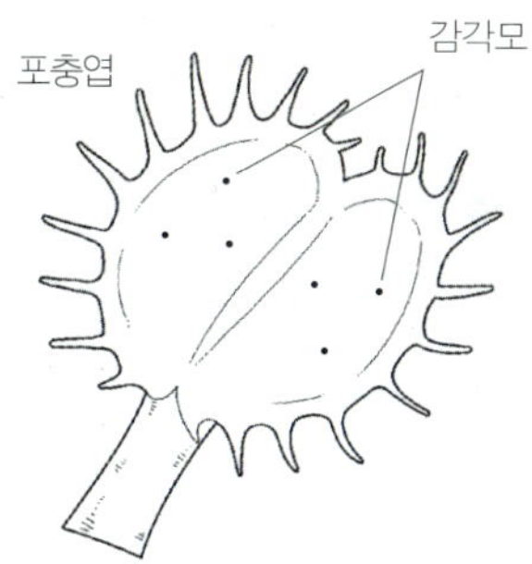

파리지옥의 잎의 구조

벌레잡이제비꽃

파리지옥

사라세니아 푸푸레아 Sarracenia Purpurea

북아메리카가 원산지인 사라세니아과의 여러해살이풀이다. 로제트형으로 포충낭과 열린 뚜껑이 특징이다. 줄기는 없으며 잎은 뿌리에서 뭉쳐나오고 나팔 모양으로 길다. 잎 안쪽에는 잔털이 있고 액체가 담겨 있는데 여기에 빠진 곤충은 빠져나올 수 없다. 누런색 또는 자주색 꽃이 줄기 끝에 피고, 열매는 공 모양으로 속에 씨가 많이 들어 있다.

사라세니아 류코필라 Sarracenia Leucophylla

북아메리카 동부해안에서 자생하는 여러해살이풀로 잎이 트럼펫처럼 생겼으며 습지나 늪에서 자생한다. 가을철 포충엽이 시들기 시작하고 겨울에는 휴면기에 들어 땅속줄기만 살아남는다. 봄이 되면 기다란 줄 끝에 꽃이 피며 꽃이 진 뒤 땅속줄기에서 포충엽이 나온다. 포충엽은 뿌리에서 바로 나와 기둥처럼 수직으로 서 있는 형태로 서너 개의 잎이 20~50㎝ 높이로 자란다. 벌레를 잡으려는 움직임은 따로 없고 함정 속으로 들어오면 탈출하지 못하게 하는 수단만 가지고 있다.

사라세니아 푸푸레아

사라세니아 류코필라

공중식물

공중식물(空中植物, Air Plant)은 흙에 뿌리를 내리지 않고 잎을 통해 영양분을 섭취하는 식물로, 흙 없이 공중에 매달려 살거나 나무에 착생 또는 바위·벽면·전깃줄을 휘감으며 자란다. 공기 중의 수분과 먼지 속 미립자를 자양분으로 하여 햇빛·물·공기만으로 살아가며, 꽃이 아름다운 착생식물이다. 생육은 잎을 통해 수분과 양분을 흡수하고 뿌리는 다른 식물체를 감거나 착생하는 방식으로 지지 역할만 한다. 야간에도 풍부한 산소를 만들어내는 공기 정화 식물이다.

공중식물의 재배 관리

물 주기

열대~아열대 지방에서는 공기 중의 습도만으로 생육할 수 있지만, 온대 지방에서는 계절에 따라 물 주는 횟수가 달라진다. 봄~가을에는 주 2회, 겨울에는 주 1회가 알맞다. 물을 줄 때는 위에서 아래로 충분히 젖도록 흠뻑 준다.

아침에 물을 주고 해가 지기 전에 건조시키는 것이 좋은데, 물을 준 뒤 충분히 말리지 않으면 잎이 검게 변한다. 이때 상한 잎은 떼어낸 뒤 바싹 말린다. 물은 빗물을 받아 두었다가 주는 것이 좋다. 빗물 속에는 먼지나 유기물 등이 양분으로 함유되어 있다. 수온은 20℃가 적당하다.

식물체가 마른 상태에서는 색상이 선명하지 않으며 탈수 현상이 나타난다. 잎이 심하게 말랐을 경우에는 한나절 또는 5시간 정도 물속에 잠기도록 담가 놓으면 서서히 회복된다.

온도

적당한 생육 온도는 15~30℃이며, 주간과 야간의 온도 차이는 5℃가 좋다. 특히 겨울철 야간에 온도가 내려가지 않도록 주의해야 한다.

햇빛

반직사광선이 적당하다.

통풍

통풍이 안 될 때는 썩기 쉬우므로 환기를 자주 한다.

비료

싱싱한 꽃을 피우거나 많은 개체를 만들어 내기 위해서는 액체 비료를 2,000배 희석하여 월 1~2회 준다.

번식

번식은 어미포기 밑동에서 새로운 개체가 나오면 포기나누기를 한다.

공중식물의 장식법

매달기

낚싯줄을 이용하여 공중에 매달아 모빌 같은 느낌으로 입체감을 준다.

고정하기

고목 · 나무토막 · 돌 · 조개껍데기 등에 접착제를 이용하여 붙인다.

유리 용기 속에 넣기

투명한 유리 용기 속에 넣어 재배한다.

매달기

고정하기

유리 용기 속에 넣기

공중식물의 종류

공중식물은 흙 없이 공중에 사는 식물로, 바위나 나뭇가지에 붙어서 자라지만 다른 식물의 양분을 흡수하는 것이 아니다. 공중식물은 공기 중의 먼지나 빗속의 유기물, 수분을 흡수하여 성장한다. 대표적인 공중식물인 틸란드시아tillandsia는 아나나스과로 남아프리카의 열대~아열대 지방에 분포되어 있는 착생 식물이다. 대표적인 품종으로는 아르겐티아argentea · 준세아juncea · 이오난사ionantha · 유스네오이데스usneoides 등이 있다. 꽃의 색상은 다양하며 향기가 나는 것도 있다.

틸란드시아 유스네오이데스

가장 보편적인 공중식물이며 아나나스류 중 특이한 형태를 가진 기생종으로, 뿌리는 없고 매우 가는 줄기에 3~6㎝의 가는 잎이 많다. 포기 전체가 은백색의 인편으로 덮여 있고, 그 인편으로 공기 중의 수분과 양분을 흡수하고 생활하는 기생식물이다. 꽃은 매우 작은 황록색이며 관상 가치보다는 공기 정화 식물로 가치가 높다.

아르겐티아	이오난사
멜라노크라테르	이오난사 스카포사
분지	세로그라피카
틸란드시아 유스네오이데스	스트릭타그린클럼프

난

난과 식물은 전 세계적으로 약 700속의 3만여 종이 분포하고 있으며, 많은 교잡종이 육성되며 자연 상태에서도 다양한 변이가 나타난다. 외떡잎식물 중에서 가장 진화된 식물로, 원산지는 열대, 아열대, 온대 지방에 이르기까지 넓게 분포되어 있다. 난은 품종에 따라 꽃·잎·줄기의 형태가 각각 다르다. 지상부인 꽃·잎·줄기·종자와, 지하부인 굵고 통통한 뿌리줄기가 땅속으로 들어가 비대해진 괴경과 근경으로 이루어진다.

난의 재배 관리

난은 종류가 다양하고 특유의 아름다움이 있어 관상 가치가 높은 식물이다. 하지만 재배하기 까다롭다는 평판 때문에 재배를 망설이는 사람들이 많은 식물이기도 하다.

구입
잎에 상처가 없고 윤기가 나는 것, 뿌리가 굵고 통통하며 싱싱한 것, 뿌리가 엉켜 있지 않고 고루 퍼져 있어야 한다. 잎 끝이 말라 있거나 반점이 있는 것은 피한다.

심는 재료
통기성이 있고 다공질多孔質인 것이 좋다. 경석·바크·수태·녹소토·헤고판·하이드로볼 등이 있다.

심는 시기
꽃이 진 뒤에 심는 것이 좋다. 그러나 15℃ 이하에서는 생육이 나쁘다. 심은 뒤에는 강한 바람과 광선을 피하고, 6시간이 지난 뒤에 물을 주는 것이 좋다.

심는 방법
난은 위구경이 약간 위로 올라오도록 심는다. 깊게 심으면 싹이 나서 잎이 썩는다.

물 주기

난의 뿌리는 다른 식물과 달리 뿌리털이 없고 벨라민 velamin층을 가지고 있어서 건조에 강하며, 습기가 과하면 썩는다. 벨라민은 뿌리를 두껍게 감싸고 있는 조직으로 물을 저장하고 있으며, 탄력성이 좋아 외부의 충격을 완화시킨다. 물을 제대로 주는 방법은 물을 적당하게 채운 양동이에 화분을 3~4시간 담가 놓았다가 꺼내는 것이다. 이는 토양에 남아 있는 염분을 씻어 내는 효과가 있다. 이때 물 온도는 실온과 같게 한다.

공중 습도

습도는 70~80%를 유지해 주는 것이 좋다. 건조한 겨울철에는 공중 습도가 20~30%선이어서 잎 끝이 마르기 쉬우므로 가습기를 사용하거나 물을 분무해 준다.

온도

양란은 낮에는 15~25℃, 밤에는 10~20℃를 유지해 주는 것이 이상적이며, 30℃ 이상의 고온 또는 5℃ 이하의 저온은 생육에 지장을 준다. 양란의 꽃눈이 분화하려면 12~13℃가 유지되어야 한다.

표 2-5 품종별 적온

고온성	17℃ 이상	덴드로비움(덴파레계), 팔레놉시스, 카틀레아, 반다
저온성	7℃ 이상	심비디움, 덴드로비움(노빌계), 온시디움, 파피오페딜룸

광선

반직사광선이 적당하며, 봄과 가을은 30%, 여름에는 50~60%, 겨울에는 10~20%로 차광을 해 주면 좋다. 빛이 약하면 생육이 나빠지고, 반대로 강하면 잎의 엽록소가 파괴되어 황록색으로 변하고 결국 타 버린다.

표 2-6 품종별 광선

호광성	많은 광선을 필요로 함	카틀레아, 심비디움, 반다, 덴드로비움
염광성	적은 광선으로 가능함	팔레놉시스, 파티오페딜룸

통풍

난의 자생지는 통풍이 잘되는 지역이다. 그러므로 난을 잘 키우기 위해서는 바람이 잘 통하는 장소에 두어야 한다. 그러나 강한 바람은 과도하게 수분을 증발시키고 기공을 닫아 광합성 작용을 억제하므로 주의한다.

병충해

병해로는 무름병 · 바이러스 · 흑점병 등이 있고, 충해로는 깍지벌레 · 응애 · 민달팽이 등이 있다.

비료

봄과 가을의 생장기에 하이포넥스 · 북살 등의 화학 비료를 1천 배로 희석(1,000cc 물에 1g)하여 월 2~3회 공급한다. 다만 광선이 부족한 상태에서 비료를 지나치게 많이 주면 웃자라고 병충해의 원인이 될 수 있으므로 주의한다.

표 2-7 서양란의 품종별 관리법

구분	차광율 (%)			최저 온도	비료	관리
	봄가을	여름	겨울			
심비디움	0	30	0	10℃	알비료 : 3월 하순 ~ 7월 상순, 월 1회 / 액체 비료 : 4~7월, 월 2~3회	햇빛을 충분히 받게 한다. 생육기에는 물을 충분히 준다. 꽃은 1개월만 보고 자른다.
덴드로비움	0	30 ~ 50	0	노빌계 : 5℃ 팔레놉시스계 : 15℃	알비료 : 3~5월, 월 1회 / 액체 비료 : 4~7월, 월 2회	햇빛을 충분히 받게 한다. 여름에는 더위에 약하다. 습도를 유지해 준다.
온시디움	30	40 ~ 50	0	10℃	알비료 : 3월, 월 1회 / 액체 비료 : ~7월, 월 2회	봄~가을에는 물을 충분히 주고, 겨울에는 건조하게 관리한다.
파피오페딜룸	30 ~ 50	60 ~ 70	20 ~ 30	10 ~ 15℃	알비료 : 3~5월, 월 1회 / 액체 비료 : 봄 · 가을 월 2회	햇빛은 녹색 잎 품종은 조금 강하게, 잎에 무늬가 있는 품종은 약하게 받게 한다. 연중 습하게 관리한다.
카틀레야	30	50 ~60	0	12 ~ 13℃	알비료 : 4~6월, 월 1회 / 액체 비료 : 4~6 · 9월, 월 2회	봄~가을에는 물을 충분히 주고, 겨울에는 건조하게 관리한다.
팔레놉시스	50	70	30	15 ~ 18℃	알비료 : 4~5월, 월 1회 / 액체 비료 : 4~8월, 월 3회	통풍이 나쁘면 꽃이 떨어진다. 생육 중에는 건조하지 않게 한다.
반다	0	30 ~ 50	0	10 ~ 15℃	액체 비료 : 생육 중 주 2회	여름에는 선선하게 하고 강한 햇빛을 받게 한다. 고온기에는 다습을 좋아하므로 잎에 물을 자주 분무해 준다.

난의 구성

잎

난의 잎은 좁고 긴 잎 · 넓고 둥근 잎 · 두꺼운 육질을 가진 잎 · 엽록소가 없는 비늘잎 등이 있다. 잎은 수분과 양분을 저장하고 체내에 수분을 저장하는 역할을 한다. 잎 뒷면에는 많은 기공이 있어 이산화탄소를 흡수하고 배출한다.

꽃눈과 잎눈의 차이점

꽃눈
둥그스름하고 비스듬히 뻗어 오른다.

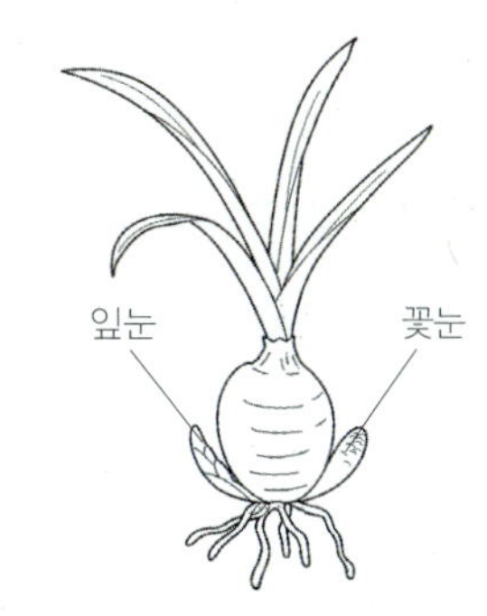

잎눈
안쪽으로 굽고 납작하다.

줄기

줄기는 눈으로 보이는 줄기 모양이 있고, 특수한 모양으로 변형된 것 또는 축소되어 가짜 알뿌리 모양의 위구경偽球莖이 있다. 위구경은 난의 줄기 일부가 구근 모양으로 비대하게 변형되어 지상부로 자라난 것이다. 이는 양분과 수분을 저장하는 역할을 하며 일반적으로 벌브bulb라고도 한다.

위구경

꽃

3장의 꽃잎과 3장의 꽃받침이 있다. 꽃잎 중 하나는 혀 모양으로 보이는 설판(舌瓣, lip)이다. 3개의 암술, 수술, 자방으로 되어 있다. 암술의 머리에는 끈끈한 점액질인 화분花粉덩어리가 있어 수정이 이루어진다.

꽃의 구조

뿌리

난의 뿌리는 중심부 · 피층 · 근피층으로 되어 있다. 마디에서 뿌리와 새싹이 나오는 근경, 줄기가 변형된 괴경 등이 있다.

난의 분류

원산지에 따른 분류

열대난

열대~아열대 지방에서 자생하는 난으로, '서양란' 또는 '양란'이라고 한다. 꽃의 색은 화려하지만 향기가 없다.

분화로서의 가치가 높아 상품성을 가지고 있다.

온대난

온대 지방에서 자생하는 난으로, '동양란'이라고 부른다. 꽃은 화려하지 않지만 부드럽게 흐르는 잎의 곡선이 아름답고 품위가 있으며 은은한 향기가 있다.

생태학적 분류

지생란 地生蘭

산림지대에 낙엽이 잘 부숙腐熟된 부엽토에 뿌리를 뻗고 자라는 난이다. 착생란보다 뿌리가 가늘고 잎도 얇은 종류가 많다.

춘란 · 한란 등 동양란 종류가 많으며 심비디움도 지생란이다.

착생란 着生蘭

나무줄기나 바위에 붙어서 자라는 난이다. 줄기와 잎은 저수 기능이 있으며 두껍다. 착생란 뿌리는 기근氣根이라 하며 외부의 두꺼운 벨라민층 즉, 일종의 코르크 세포층으로 덮여 있어서 건조한 기후에 강하다. 또한 공기 중의 수분과 양분을 흡수하는 기능을 가지고 있다.

우리나라 풍란 · 석곡이 착생란이며, 반다 · 온시디움 · 카틀레아 등 서양란 종류가 많다.

줄기 형태에 따른 분류

단경성 난

하나의 줄기를 중심으로 계속해서 자라나는 난으로, 줄기가 외대이며 위로만 자라난

다. 곁순은 나오지 않으며 꽃은 잎 사이에서 꽃대가 나와서 핀다. 반다 · 팔레놉시스
등이 있다.

복경성 난

뿌리 부근에서 분지하여 자라며 여러 개의 생장점을 만들어 싹이 돋아나 큰 포기로
자라는 난이다.

단경성 난 – 반다

복경성 난 – 카틀레아

난의 종류

난은 품종에 따라 동양란, 서양란, 자생란으로 나누기도 한다.

동양란에는 1~2월에 피는 보세란報歲蘭 · 3~4월에 피는 한국 춘란春蘭 · 7~8월에
피는 건란建蘭 · 9~10월경에 피는 소심란素心蘭 · 11~12월에 피는 한란寒蘭 등이 있
다.

서양란으로는 덴드로비움 · 심비디움 · 팔레놉시스 · 온시디움 · 반다 · 카틀레아 ·
파피오페딜럼 등이 있다. 자생란으로는 풍란 · 석곡 등이 있다.

동양란

건란 建蘭

중국 남부가 원산지로, 꽃은 일경다화이며 7~8월에 황록색 꽃이 피고 향기가 좋다.
품종으로는 옥화란 등이 있다.

보세란 報歲蘭

중국이 원산지로 동양란 중에서 가장 넓은 잎을 가지고 있다. 꽃은 일경다화로 1～2월경에 적자색으로 피며 향기가 좋다.

소심란 素心蘭

대만과 중국 남부 지방이 원산지로, 일경다화이며, 8～9월에 담황색과 유백색 꽃이 피며 향기가 좋다. 품종으로는 철골소심 등이 있다.

춘란 春蘭

'봄을 알리는 난'이라는 의미에서 '보춘화 報春花'라고 하며 우리나라 남부 해안 지방에 자생한다. 3～4월에 꽃이 피며, 일경일화로 그윽한 향기가 있다. 꽃은 황록색 · 적자색 · 노란색 등이며, 무늬가 있는 변종인 키메라 chimera 잎은 희소 가치가 있다.

한란 寒蘭

우리나라 제주도 · 일본 · 중국이 원산지이다. 일경다화로서, 꽃은 녹색과 적색이며 은은한 향기를 지니고 있다. 꽃과 잎이 폭이 좁고 긴 것이 특징이다. 천연기념물 191호이다.

건란

보세란

춘란

서양란

덴드로비움 Dendrobium

착생란으로, 줄기가 굵고 마디가 있어 마치 대나무와 같은 모양이다. '덴드로비움'이라는 이름은 라틴어의 'dendoron(수목)'과 'bius(살다)'에서 유래된 말로, 나무의 가지나 줄기에 뿌리를 내리고 살고 있다는 의미이다. 계통은 크게 노빌 Nobile 계와 덴파레 Denphalae 계로 나눌 수 있다.

반다 Vanda

착생란으로 꽃은 일경다화이며, 보라색 · 자주색 등이 있고 10월~12월에 개화한다. 기근은 1~2m로 길게 자란다.

덴드로비움

덴드로비움 번식법

반다

반다

반다 꽃잎과 형태

심비디움 *Cymbidium*

지생란의 일종으로 꽃은 일경다화이다. 꽃은 1~3월에 흰색 · 노란색 · 연두색 등으로 피며 수명이 2~3개월 정도로 길고 생산량이 가장 많다. 꽃이 화려하고 색깔도 다양하여 축하 선물로 흔히 이용된다. 향기는 없다.

온시디움 *Oncidium*

착생란으로, 꽃은 일경다화이다. 꽃의 색은 노란색과 담갈색 등이다. 노란색 꽃은 향기가 없지만 담갈색 꽃에서는 초콜릿 향기가 난다. 꽃 모양이 마치 춤추는 소녀와 같다고 하여 '댄싱걸 *Dancing Girl*'이라는 별칭이 있다. 꽃대는 위구경 부근에서 나오며 매우 길다.

심비디움

심비디움

심비디움 꽃잎과 형태

온시디움

온시디움 꽃잎과 형태

카틀레아Cattleya

착생란으로, 한 개의 꽃대에서 한 송이 또는 여러 송이가 연중 개화하는데 '난의 여왕'
이라 할 정도로 꽃이 크고 화려하다. 흰색 · 붉은자주색 꽃이 잎겨드랑이에서 핀다.

파피오페딜럼 Phaphiopedilum

지생란이지만 착생란의 성질을 가지고 있다. 동남아시아 원산으로, 늦가을에서 이른
봄까지 꽃이 핀다. 꽃은 일반적으로 진한 갈색이지만 흰색 · 노란색 · 분홍색 등 다양
하며 꽃 모양도 조금씩 다르다. 설판형(혀 모양) 꽃 모양이 마치 슬리퍼처럼 보인다
고 하여 '레이디 슬리퍼 Lady's Slipper'라는 이름을 갖고 있기도 하다.

팔레놉시스 Phalaenopsis

착생란으로, 꽃은 11월~이듬해 3월까지 피는데 흰색 · 분홍색 · 자주색 등 색이 다
양하다. 꽃 모양이 나비 날개를 닮아 '호접란胡蝶蘭'이라고도 한다. 덴파레 Denphalae 는

카틀레아

파피오페딜럼

팔레놉시스

카틀레아 꽃잎과 형태

파피오페딜럼 꽃잎과 형태

팔레놉시스 꽃잎과 형태

덴드로비움과 팔레놉시스의 교배종으로, 꽃은 팔레놉시스를, 줄기와 잎은 덴드로비움을 닮았다.

자생란

풍란 風蘭

나무와 바위 위에 착생하며 자라는 난이다. 꽃은 7~8월에 순백색이나 연한 핑크색으로 피며 그윽한 향기가 있다. 특히 잎·꽃·뿌리가 모두 관상 가치를 지니고 있어 인기가 높다. 겨울철 특히 실내의 공중 습도가 낮은 아파트에서는 뿌리가 마르고 잎이 시들기 쉽다. 이때는 유리 또는 플라스틱 용기에 넣거나 비닐을 씌워서 습도를 유지해 준다. 번식은 2년마다 포기나누기를 한다. 생육 적온은 15~20℃, 최저 온도는 5℃ 내외이며 반직사광선이 좋다. 잎이 작은 소엽 풍란과 잎이 큰 대엽 풍란이 있다.

석곡 石斛

따뜻한 지방의 나무 또는 바위에서 착생하는 난으로, 줄기는 대나무 모양과 흡사하며 마디가 나뉘어 있고 굵기가 5~6mm의 다육질로 이루어져 있다. 꽃은 5~6월에 백색과 연한 홍색으로 피며 은은한 향기를 지닌다.

석곡의 번식
줄기에서 난 새순을 잘라 수태에 심는다.

대엽풍란과 소엽풍란

석곡

야생화

우리말로 '들꽃'이라 부르는 야생화野生花, Wildflower는 산야에 자생하는 식물들 중에서 꽃·잎·줄기·열매 등이 화훼적 가치를 가진 종류들로, 관상용·약용·식용으로 이용하여 경제적 가치가 있는 식물들을 총칭한다.

꽃이 피는 시기에 따라 계절별로 분류하기도 하고, 서식지에 따라 고산식물·습지식물로 구분하거나, 용도에 따라 관상용·약용·밀원 등으로 구분하는 경우도 있다. 야생화 묘를 고를 때는 잎에 생기가 있고 윤기가 나는 것, 잎 끝이 마르지 않은 묘, 줄기 수가 많은 묘, 웃자라지 않은 묘, 봄에 새싹이 많이 나오는 묘, 잎이 황화 현상이 없는 묘가 좋다.

야생화의 활용

야생화는 실생활에서 폭넓게 매우 다양한 용도로 활용되고 있다. 수반에 돌이나 모래로 산 모양을 만들거나 나무 또는 화초를 심어 자연의 풍경을 만들어 관상하는 분경이나 꽃꽂이 재료로 쓰고, 생화나 나뭇잎의 수분을 제거하기 위해 누르면서 건조시켜 원형을 유지하는 압화·건조화, 그리고 건물 옥상에 식물을 심어 자연의 풍취를 누리게 하는 옥상정원이 대표적이다. 그 밖에도 주택·아파트·도로변·공원 화단을 꾸미는 용도로도 이용된다.

야생화는 식용하거나 화장품 원료 등으로도 널리 이용된다. 따라서 용도에 적합한 식물을 고르는 것이 무엇보다 중요하다.

표 2-8 야생화 이용

쓰임새	종 류
분경 분화로 이용되는 야생화	백량금, 산호수, 수련, 마삭줄 등
꽃꽂이로 이용되는 야생화	용담, 층꽃나무, 옥잠화, 아스틸베 등
압화, 건조화로 이용되는 야생화	제비꽃, 두메양귀비 등
옥상정원으로 이용되는 야생화	다육식물, 초본류, 목본류, 지피식물 등

야생화의 재배 관리

야생화는 온도 · 광선 · 토양 · 수분 등의 환경 요인을 자생지에 가깝게 만들어 주어야 한다. 예를 들어, 노랑제비꽃은 해발 500m의 시원한 곳, 고사리류와 끈끈이주걱류는 그늘지고 습기가 많은 곳, 양지꽃 · 할미꽃은 온종일 햇빛이 드는 곳, 비비추 · 돌단풍 · 초롱꽃 · 앵초 · 매발톱꽃은 반직사광선, 해국 · 벌노랭이 · 원추리 · 털머위 · 해당화는 염분과 강한 바람에 견디는 해안가에서 잘 자란다.

뿌리 생육을 억제하기 위해서 얕은 분에서 재배하는 것이 좋고, 화단에서 재배할 때는 지나친 생육을 막기 위해 다른 종류와 혼식한다.

물 주기

겉흙이 마르면 배수 구멍으로 물이 빠져나올 정도로 흠뻑 준다. 조금씩 자주 주는 것은 피한다.

온도

겨울에는 내한성이 있어서 얼어 죽지 않지만 건조하여 말라 죽는 경우가 있으므로 화분째 땅에 묻어 시원한 곳에서 습기를 유지한다. 겨울철 실내 온도가 높으면 휴면하지 못해 결국 꽃이 피지 않거나 쇠약해진다.

토양

배수력과 통기성이 좋은 펄라이트 · 피트모스 · 훈탄 · 부엽토 · 바크 · 마사토 · 모래 · 적옥토 · 녹소토를 사용한다.

비료

산과 들에서 자생하기 때문에 영양분이 많이 필요하지 않다. 그러나 화단에서 재배할 때는 밑거름으로 퇴비를 충분히 주고 분화인 경우는 알비료를 화분 위에 올려 놓는다. 한해살이풀과 여러해살이풀은 액체 비료(물비료)를 준다.

야생화의 분류

야생화는 한해살이풀 · 여러해살이풀 · 구근 · 다육식물 · 난과식물 · 양치식물 · 수생식물 · 낙엽수 · 상록수 등으로 나눈다.

한해살이풀annuals

종자가 발아하여 1년 이내에 개화 및 결실한 뒤 고사한다. 물봉선 · 꽃향유 · 광대나물 · 봄맞이꽃 · 두메양귀비 · 솔체꽃 · 물옥잠 등이 있다.

여러해살이풀perennials

뿌리나 줄기가 여러 해 동안 살아남아 매년 꽃을 피우고 열매를 맺는 식물로 상록성과 낙엽성이 있다. 상록성에는 석곡 · 춘란 · 부처손 · 한란이 있고, 낙엽성에는 개불알꽃 · 구절초 · 앉은부채 · 자란 · 천남성 등이 있다.

구근류 bulb

잎 · 줄기 · 뿌리의 일부가 비대해진 형태이다. 나리류 · 산부추 · 마 · 둥글레 · 문주란 · 얼레지 등이 있다.

다육식물

잎과 줄기가 다육화된 것으로 건조한 기후에 강하고 저수조직이 발달되어 있으며 햇빛을 좋아한다. 바위솔 · 바위연꽃 · 바위채송화 · 둥근바위솔 · 땅채송화 등이 있다.

난과식물

보춘화 · 자란 · 풍란 · 새우란 · 제비란 · 한란 · 해오라기난초 · 복주머니란 등이 있다.

양치식물

그늘지고 습한 곳에서 서식하며 포자로 번식한다. 속새 · 고사리 · 파초일엽 · 일엽초 등이 있다.

수생식물

마름 · 어리연꽃 · 개연꽃 등이 있다.

낙엽수

산수유 · 생강나무 · 목련 · 개나리 · 진달래 · 산딸나무 등이 있다.

상록수

동백 · 식나무 · 아왜나무 · 꽝꽝나무 · 치자나무 등이 있다.

야생화 종류

가고소앵초

중국 원산의 여러해살이풀이다. 대표적인 이른 봄꽃으로, 3~5월에 꽃이 피며 습기 많은 곳을 좋아하므로 겉흙이 마르면 물을 듬뿍 주고 통풍에 신경써야 한다. 생육 적온은 5~20℃이며 더위에 약하므로 여름철에는 반직사광선에 둔다. 번식은 꽃이 진 뒤 2~3개의 눈을 붙여서 포기나누기를 한다. 인산질 비료를 주면 꽃이 많이 핀다.

갯기름나물

미나리과의 여러해살이풀로, 제주도·울릉도 등 남부 지방의 바닷가 바위틈에서 자생한다. 잎은 향과 맛이 좋아 나물로 이용하고, 뿌리는 한약재로 이용한다. '방풍나물'이라고도 부른다. 개화기는 6~8월이며 줄기 끝에 20~30개의 흰색 꽃이 달린다.

구절초

우리나라에 자생하는 종류는 30여 종이 있다. 9월 9일에 잘라야 약효가 있다고 하며, 9월 9일에 아홉 마디가 된다고 하여 '구절초'라고 한다. 높이는 50~100㎝ 정도이며, 잎은 타원형으로 가장자리가 얕게 갈라진다. 잎은 쑥갓 잎처럼 굴곡이 많다. 9~11월에 줄기나 가지 끝에서 6~8㎝ 정도의 꽃이 한 송이씩 핀다. 처음 꽃대가 올라올 때는 분홍빛을 띠며, 개화하면서 흰색으로 변한다. 열매는 10~11월에 맺는다. 직사광선이나 반직사광선의 풀숲에서 자란다. 꽃이나 잎을 말린 구절초는 예로부터 월경불순·자궁 냉증·불임증 등의 부인병에 약으로 썼다.

가고소앵초

갯기름나물

구절초

꿀풀

산과 들에서 자라는 여러해살이풀로, 줄기는 붉은색이 돌며 털이 많다. 5~7월에 붉은색을 띤 보라색·분홍색·흰색 꽃이 줄기 위에 층층이 핀다. 꽃이 활짝 피었을 때 꽃을 뽑아서 끝을 빨아먹으면 꿀처럼 단맛이 난다. 배수가 잘되고 양지바른 곳을 좋아한다. 번식은 뿌리줄기로 한다. 어린잎은 식용하고 꽃·줄기·잎을 약용한다. 민간과 한방에서 '하고초夏枯草'라고 하여 함암 효과가 있는 약으로 쓴다.

넌출월귤

진달래과 상록 활엽소관목이다. '넌출'은 '덩굴'이라는 뜻이고 '월귤'은 '열매(berry)'라는 뜻이다. 높이 20cm 정도로 작은 식물이다. 서늘한 고산 습원지에 분포하고 북한에서는 천연기념물로 지정되어 있다. 백두산에 자생하는 것으로 알려진 넌출월귤은 6~7월에 흰색 또는 연분홍 꽃이 피며 줄기는 철사처럼 가늘다. 가을에 빨간 열매를 맺으며, 신맛이 강하지만 먹어도 된다.

황금달맞이꽃

칠레가 원산지로 우리나라에 귀화한 식물이다. 보통 야생 달맞이꽃은 꽃이 아침부터 저녁까지는 오므라들었다가 밤이 되면 활짝 벌어지면서 '달을 맞이한다'고 하여 '달맞이꽃'이라고 부른다. 그러나 황금달맞이꽃은 낮에 핀다 하여 '낮달맞이꽃'이라고도 부른다. 짙은 노란색으로 5월부터 9월까지 계속해서 핀다. 야생 달맞이꽃 씨는 생활습관병에 좋으며 뿌리는 물에 달여서 먹으면 감기·해열·인후염에 효과가 있다. 인산칼리 비료를 주면 꽃의 색이 선명하고 꽃이 많이 핀다.

꿀풀

넌출월귤

황금달맞이꽃

돌단풍

물가의 바위 틈에서 단풍나무잎처럼 생긴 잎이 달린다고 하여 붙여진 이름이다. 산속 계곡 바위에 자생하는 여러해살이풀로, 뿌리줄기는 굵고 줄기는 가로로 뻗어 있으며 꽃줄기는 곧은 모습이다. 잎은 손바닥 모양으로 5~7개가 깊게 갈라져 있으며 뿌리에서 잎과 줄기가 모여 난다. 습기가 많은 곳에서 잘 자라므로 물을 충분히 주고 반직사광선에서 키운다. 통풍이 안 되면 갈반병에 걸리므로 주의한다.

미나리아재비

산과 들에서 자생하는 여러해살이풀로, 5~6월에 진노란색 꽃이 피며 줄기에는 별 모양의 털이 있다. 뿌리에서 나오는 잎은 모여서 난다. 잎자루가 길고 다섯 갈래로 갈라져 있으며 햇빛이 잘 들고 습기가 있는 곳에서 잘 자란다. 연한 순은 봄에 나물로 먹기도 하며, 한방에서 뿌리를 제외한 모든 부위를 약재로 쓴다. 잎과 씨앗에 독이 있다.

바위떡풀(유통명 : 대문자초)

여러해살이풀로, 꽃이 피면 꽃잎이 마치 큰 대★자 모양으로 보인다고 해서 '대문자초'라고도 불린다. 일반적으로 노지에서는 8~9월에 10~30cm의 꽃줄기 끝에 흰 꽃이 흩어져 피지만, 온도가 높은 실내에서도 종종 꽃을 볼 수 있다. 숲 속의 습한 바위 틈에서 잘 자란다고 해서 '바위취'라고도 불린다. 통풍이 잘되는 반직사광선에서 잘 자라며 강한 햇빛은 좋아하지 않는다.

돌단풍

미나리아재비

바위떡풀

뱀무

장미과의 여러해살이풀이다. 잎 모양이 무 잎을 닮고 뱀이 자주 다니는 곳에서 자란다고 해서 붙여진 이름이다. 6월에 노란색 꽃이 가지 끝에서 핀다. 배수가 잘되고 양지바른 곳에서 잘 자란다. 어린순은 나물로 먹으며, 포기나누기로 번식한다.

벌개미취

'고려쑥부쟁이'라고도 한다. 벌판에서 자란다고 해서 '벌'자를, 꽃대에 개미가 붙어 있는 것처럼 작은 털이 나 있어서 '개미'를, 취나물처럼 먹는다고 해서 '취'자를 붙였다. 산·들·습지에서 자라며 양지바른 곳이나 반직사광선을 좋아한다. 6~11월에 연한 자주색 꽃이 핀다. 이른 봄 포기나누기로 번식한다. 어린순은 나물로 먹고, 성숙한 풀은 당뇨 합병증 예방과 노화 방지 효과가 있어 약으로 쓴다.

설란(로도히폭시스, Rodohypoxis)

남아프리카가 원산지인 수선화과 여러해살이풀로 구근초이다. 추위에 강하고 눈 속에서도 꽃이 핀다고 하여 '설란雪蘭'이라고 한다. 꽃은 3~4월에 피고 홑꽃·겹꽃이 있으며, 흰색·분홍색·붉은색·노란색을 띤다. 가을에는 잎이 마르고 겨울에는 화분 속에 알뿌리만 남았다가 이듬해 다시 싹을 틔운다. 10~20℃ 내외에서 꽃이 오래 가며 햇빛을 받아야 꽃의 색이 선명하다. 한여름 직사광선과 고온다습은 피한다. 온도가 높고 습기가 많으면 알뿌리가 썩는다. 여름철에는 시원한 장소에서 건조하게 키우고 겨울에 구근이 얼지 않도록 보관한다. 월 1회 물을 준다. 통기성이 좋은 마사토에서 잘 자란다.

뱀무

벌개미취

설란

쑥부쟁이

쑥을 캐러 간 불쟁이(대장장이) 딸이 죽은 자리에서 피었다고 하여 붙여진 이름이다.
한 대에 여러 송이가 피며, 흰색 · 보라색을 띤다. 꽃잎은 가늘고 길다.

엉겅퀴

국화과의 여러해살이풀이다. 깃털 모양의 잎 가장자리에 거친 톱니가 있고 가시가
나 있는데, 뿌리와 잎은 뜯어서 나물로 먹기 때문에 '가시나물'이라고도 한다. 6~
8월에 자주색과 붉은색 꽃이 핀다. 물 빠짐이 좋은 반직사광선에서 잘 자란다. 번식
은 9~10월 화단에 씨를 뿌리는 종자번식과 10월 중순 뿌리를 캐내 흙을 턴 다음
3~4개의 눈을 붙여 나누는 포기나누기로 한다.

용담

산지의 풀밭에서 자생하는 여러해살이풀로 한국 · 중국 · 일본에 분포한다. 흰색 · 분
홍색 · 청색 꽃이 8~10월에 잎겨드랑이에서 핀다. 아침 햇살을 받으면서 벌어졌다
가 저녁 해가 지면서 서서히 오므라든다. 직사광선에서 잘 자라지만, 한여름의 뜨거
운 광선에 노출되면 잎이 타고 색상이 퇴색한다. 유기질 비료를 많이 주면 꽃이 풍성
하고 튼튼하게 자란다. 봄에 올라오는 줄기를 5~6월에 잘라 꺾꽂이하거나 이른 봄
에 포기나누기로 번식한다. 어린 싹과 잎은 식용하고, 뿌리는 약재로 쓴다.

원평소국

도입종의 여러해살이풀이다. 꽃이 흰색에서 미색을 거쳐 분홍색으로 변한다고 해서
'오색국화'라고도 한다. 앙증맞은 꽃은 돌이나 기와에 잘 어울려 석부작 또는 와부작

쑥부쟁이

엉겅퀴

용담

에 활용된다. 높이는 50*cm* 정도이며 직사광선~반직사광선에서 잘 자란다. 마사토ㆍ
적옥토ㆍ부엽토를 4 : 3 : 3 비율로 섞은 배양토에 심으면 좋다. 겨울에는 베란다나
비닐하우스에, 봄에는 화단에 심는다.

이베리스 Iberis

유럽 지중해 연안이 원산지인 여러해살이풀이다. 깨끗한 흰 눈과 같이 생겼다고 하
여 '눈꽃'이라고도 불린다. 잎은 사계절 푸르며 줄기는 질기고 튼튼하다. 이른 봄에
서 6월까지 꽃이 피며, 개화 기간이 길어 관상 가치가 높다. 적온은 10℃로 반양지에
서 잘 자란다. 추위에 강해 -10℃에서도 노지 월동이 가능하다. 질소ㆍ인산ㆍ칼리가
함유된 복합비료를 주면 꽃이 많이 피며 잎 색도 선명해진다. 꽃이 진 뒤 꽃대를 잘
라 주어야 새 줄기에서 가을에 꽃이 다시 핀다. 물 빠짐이 좋은 토양에 심는다. 작은
공간에서는 지피식물로 이용되며 바위정원에 심기도 한다. 번식은 종자번식 또는 줄
기꽂이로 한다.

자주구슬초

초롱꽃과의 여러해살이풀로, 원산지는 중국ㆍ대만이다. 영어명은 'Common Pratia'
이다. 꽃은 작은 별 모양의 연보랏빛이며, 열매는 녹색에서 점점 보라색으로 변한
다. 자주구슬초는 생김새에 따라 붙여진 유통상의 이름이다. 물을 좋아하고, 밝은
그늘에서 습기가 다소 있는 환경을 좋아한다. 줄기가 늘어져 걸이화분에 심거나 땅
을 덮는 지피식물로서 이용한다. 추위에 강해 0℃에서도 잘 자란다. 번식은 종자번
식 또는 줄기꽂이한다.

원평소국

이베리스

자주구슬초

운간초(천상초)

유럽이 원산지인 범의귓과의 여러해살이풀이다. 하늘나라에서도 꽃을 피운다는 속설을 가진 식물로, 춥고 바람이 많이 부는 산꼭대기에서 자란다. 추운 겨울 건조할 때는 잎이 뒤로 말려 수분 증발을 억제하는 습성이 있다. 3~6월 흰색과 분홍색 꽃이 핀다. 물을 좋아하므로 겉흙이 마르기 전에 물을 듬뿍 준다. -30℃에서도 견딜 정도로 추위에 강하며, 강한 햇빛은 싫어한다.

풍로초

여러해살이풀로 풍로를 닮아서 '풍로초'로 불린다. 6~8월에 꽃이 피며, 1개의 굵은 뿌리가 있고 줄기는 옆으로 뻗으며 가지는 갈라진다. 식물체와 열매는 장염 · 피부 가려움증 · 타박상에 효과가 있다. 물은 자주 주고 햇빛을 충분히 받아야 꽃대가 올라온다.

하설초

유럽이 원산지인 석죽과의 여러해살이풀이다. 5~6월에 작은 흰색 꽃이 무리지어 피는 모습이 눈이 내린 것 같다고 하여 붙여진 이름이다. 영어로는 'Snow-in-the-summer'라고도 불린다. 햇빛이 잘 들고 배수가 잘되는 곳에서 자라며 더위에는 약하지만 추위에는 아주 강해서 -20℃의 눈비가 내리는 곳에서도 잘 견딘다. 건조하게 키우는 것이 좋으며 비료는 1년에 2~3회 준다. 꽃이 진 뒤에도 잎이 아름다워 바위 정원을 꾸미는 데 많이 이용된다. 장마철에는 뿌리가 썩기 쉬우므로 배수에 유의한다. 번식은 꺾꽂이 또는 종자로 한다.

운간초

풍로초

하설초

허브

허브Herb는 잎·줄기·뿌리·열매·나무(줄기)껍질 등을 식용 또는 약용하는 식물이다. 향료·살균·살충 등에 사용하는 등 인간에게 유용한 모든 초본식물로 정의된다. 허브의 향은 피부나 코 점막을 통해 인체에 흡수되는데, 특히 자연 향으로 뇌를 자극하여 스트레스를 푸는 데 도움을 준다. 또한 채소를 재배할 때 병충해를 예방하기 위해 허브를 함께 심기도 한다.

허브를 고를 때는 향이 좋은 것, 줄기가 굵고 단단한 것, 잎의 색이 짙고 싱싱한 것, 뿌리가 잘 뻗은 것인지 따져 본다. 웃자란 것은 구입하지 않는다.

허브의 분류

표 2-9 쓰임새에 따른 구분

용도	종류
꽃이 아름다운 허브	벨가못, 초코제라늄, 멕시칸세이지, 헬리오트로프, 에플제라륨, 포피, 에키네시아
요리에 유용한 허브	바질, 차이브, 애플민트, 딜, 레몬타임, 오레가노, 펜넬, 한련화
차로 즐기는 허브	캐모마일, 타임, 레몬글라스, 레몬밤, 페퍼민트, 스피아민트, 스테비아

표 2-10 생육 상태에 따른 구분

특징	종류
한해살이	한련화, 캐모마일, 바질
두해살이	파슬리
여러해살이	민트, 라벤더, 타임, 세이지, 민들레, 차이브, 레몬밤, 벨가못
상록수	로즈메리, 유자, 유카리, 월계수, 올리브
구근식물	샤프란

허브의 재배 관리

물 주기

아침저녁으로 서늘할 때 주고, 화분에서 키울 때는 겉흙이 말랐을 때 물을 듬뿍 준다. 물을 줄 때는 꽃에 물이 닿지 않도록 주의한다. 허브는 대부분 습기를 좋아하지 않지만, 민트 종류는 습한 환경을 좋아한다. 여름철 낮에 물을 주면 기온이 상승하면서 뿌리가 무르기 때문에 이른 아침에 주고, 겨울에는 오전에 준다.

광선

세이지 · 타임 · 한련화 · 바질 등은 하루 4~5시간 햇볕을 쬐어 주고, 차이브 · 민트 등은 반직사광선에서도 잘 자란다. 강한 광선은 잎이 타거나 말라 버리는 원인이 되므로 한여름에는 직사광선에 노출되지 않도록 주의한다. 반대로 광선이 부족한 곳에서는 웃자라서 연약해진다.

온도

초겨울 찬바람에 노출되지 않게 하고, 여러해살이는 추운 겨울에는 볏짚을 깔아 주거나 검은 비닐로 뿌리 부분을 덮어 준다.

토양

보습성과 배수성이 양호하고 유기질이 풍부한 흙에서 잘 자라므로 흙에 퇴비와 부엽토를 섞은 뒤 심는다.

번식

포기나누기와 꺾꽂이로 한다.

비료

부엽토 · 퇴비를 밑거름으로 주고 깻묵 썩인 액체 비료는 웃거름으로 주 1회 준다. 알비료는 화분 위에 올려 놓으면 서서히 흡수된다. 비료가 적으면 잎이 누렇게 된다.

지주 세우기

지하부인 뿌리보다는 지상부인 잎과 줄기가 커서 포기가 쓰러지기 쉬우므로 지주대를 세워 준다.

순지르기

키를 크게 자라게 하는 것보다는 새순을 따 주어 곁가지가 많이 나와 옆으로 퍼지게
키우는 것이 좋다.

병충해

다른 식물에 비해 병충해 발생이 적다. 어떤 허브는 벌레를 쫓는 것도 있다. 건조하
거나 통풍이 안 될 경우 응애·진딧물·가루이 등이 발생한다. 응애는 물을 싫어하
므로 잎 뒷면에 분무해 준다.

허브의 종류

라벤더 Lavender

지중해 연안 원산의 허브의 여왕이다. 건조한 약알칼리성 흙과 통풍이 잘되는 양지
바른 곳을 좋아한다. 잎이 무성하면 통풍이 어려우므로 가지를 잘라 준다. 고온다습
한 환경을 싫어하므로 여름에는 시원한 곳으로 옮겨 놓고 장마철에는 비에 닿지 않
도록 관리한다. -7~-18℃까지 견딘다.

　스트레스 해소·심신 안정 효과가 탁월하며 숙면을 돕는다. 진정 작용과 피로 해
소 효과가 있고 머리를 맑게 한다.

로즈메리 Rosemary

대표적인 허브로, 지중해 연안이 원산지다. 솔 향기가 난다. 초여름부터 연보라색 꽃
을 피운다. 물 빠짐이 좋고 건조한 석회질이 많은 알칼리성 토양에서 잘 자란다. 매
년 이른 봄 죽은 가지를 잘라 주고, 가지 끝은 잘라서 모양을 만들어 준다. 습기에 약
하므로 건조한 상태를 유지한다. 양지바른 곳을 좋아하며 -7℃까지 견딘다. 어린 가
지 끝을 5~7cm 잘라 물올림한 뒤 흙에 꽂아 그늘에 두면 뿌리가 내린다.

　식욕 증진·뇌신경 활성화·진통 및 근육통 완화·치매 방지 효과가 있다. 향수
원료, 고기 요리에 쓰인다. 음이온을 방출하여 기억력 향상에 도움을 주므로 아이들
공부방에 두면 좋다. 잎에서 나는 상쾌한 향기가 스트레스 해소에도 도움이 된다.

민트 Mint

유럽과 북미가 원산지다. 물 빠짐과 보수력이 좋은 흙을 만들어 지하 줄기가 잘 뻗어
나가도록 한다. 겨울철 지상부가 시들어도 이듬해 봄이면 새싹이 나온다. 고온건조

에 약하고 다습한 환경에서 잘 자라며 물재배도 가능하다. 애플민트와 스피아민트의
월동 온도는 각각 -1~-23℃, -1~-29℃이다.

　소화 촉진·이뇨·감기 진정 효과가 있으며 방충제로도 쓰인다. 향은 청량감을 주
어 입가심용 차로 이용된다. 우유와 섞어 마시면 피로 해소와 심신 안정에 도움된다.

바질 Basil

인도와 열대 아시아가 원산지이며 햇빛이 잘 들고 통풍이 잘되는 곳을 좋아한다. 물
이 부족하면 잎이 축 늘어지고 물이 너무 많으면 웃자라므로 흙이 마르기 직전에 물
을 주는 것이 좋다. 꽃이 피면 잎이 딱딱해지므로 잎을 이용하려면 꽃눈을 미리 따
준다. 잎은 20cm 정도 자란 이후에 딴다. 곁눈을 따면 잎이 무성해진다.

　졸림 방지·살균 등의 효과가 있다. 공기를 맑게 하는 용도로 차에도 이용되며, 스
파게티·피자 등 음식 재료로도 널리 이용된다.

세이지 Sage

지중해 연안과 유럽 남부 지역에서 자란다. 건조하고 물이 잘 빠지는 흙을 좋아하며
살짝 그늘진 곳에서 잘 자란다. 습기가 많은 환경에서는 잘 자라지 않는다. 가지 끝
에 달린 눈을 따 주면 포기가 무성해진다. 체리세이지와 멕시칸세이지의 월동 온도
는 각각 -7~-12℃, -4~-7℃이다.

　진통 억제·소화 촉진·치아 미백 효과·구취 제거 기능이 있으며 갱년기장애에
도움이 된다. 주로 육류 요리에 쓰이고 차는 건강 음료로 이용된다.

차이브 Chive

유럽과 북반구의 온대와 한대 지역에서 자라는 여러해살이풀이다. 초여름 분홍색의 작
은 꽃이 공 모양으로 모여 핀다. 물 빠짐이 좋고 습기가 있는 흙을 좋아한다. 겨울철 화
분에 심어 햇빛이 잘 드는 창가에 두면 잘 자란다. 직사광선~반직사광선에서 키우고,
서리가 내리면 잎은 말라 버리고 봄에 싹이 다시 나온다. 씨를 뿌린 뒤 2년이 지나면 꽃
이 핀다. 봄과 가을에 포기나누기를 한다.

　소화 촉진을 돕고 변비를 없애 준다.

캐모마일 Chamomile

지중해 연안과 유럽이 원산지로 허브차의 대명사이다. 한해살이와 여러해살이가 있다.
화분 재배를 할 때 겉흙이 마르면 물을 듬뿍 준다. 봄과 가을에는 직사광선에 약하므로
한여름에는 반직사광선에 옮겨 키운다. 내한성이 강해 -7~-29℃까지 견딘다. 번식은
포기나누기와 종자로 한다.

라벤더

로즈메리

바질

민트

차이브

세이지

캐모마일

달콤하고 상쾌한 사과 향이 난다. 여드름과 불면증 치료 · 소화 촉진 효과가 있으며, 입욕제로 쓰면 몸이 따뜻해지고 피부가 매끄러워진다. 말린 꽃을 차로 마시면 감기 · 두통 · 피로 해소에 효과적이다.

한련화

남미 페루가 원산지다. 햇빛이 잘 들고 바람이 잘 통하는 곳에서 잘 자라며 여름철에는 직사광선이 들지 않는 곳에서 키운다. 월 1회 비료를 준다. 꽃을 많이 피우기 위해서는 인산질 비료를 넉넉히 준다. 덩굴성이므로 20cm 길이가 되면 순을 따 주어 곁눈을 키우고 가지 수를 늘린다.

모발과 두피 건강에 좋고 살균 작용도 우수하다.

헬리오트로프 Heliotrope

남미가 원산지인 여러해살이풀이다. 꽃은 짙은 보라색 · 흰색으로 화려하게 피고 개화 기간이 길다. 초콜릿 향이 나며 말려도 향이 오래간다. 약간 습기가 있는 비옥한 흙과 햇빛이 잘 들고 통풍이 잘되는 환경을 좋아한다. 고온다습하거나 추운 곳에서는 잘 자라지 않는다. 따라서 기온이 내려가면 화단에서 재배하던 것을 화분에 옮겨 심은 뒤 실내에 들여 놓는다. 온도가 20℃ 이상이면 향기 좋은 꽃을 피운다.

해열 · 이뇨 · 해독 작용이 있다.

한련화

헬리오트로프

수생식물

수생식물이란 물속에서 발아 생육하고 번식하는 수중 식물로, 호수 등의 물속 · 물가 저지대에서 산과 들이 이어지는 고지대에 이르기까지 광범위하게 분포되어 있다. 수생식물의 특징은 다음과 같다.
- 물속에 있는 잎에는 숨구멍이 없으며, 물 위에 나와 있는 표면에 많다.
- 수분이나 양분을 잎의 표면 전체에서 흡수하며 대체로 부드럽다.
- 통기 조직이나 공기뿌리 등에 의해서 산소의 결핍을 방지하는 것이 많다. 통기 조직이란, 식물체 내에 기체를 유통시키는 그물 또는 관 모양의 조직으로, 식물체를 물에 뜨게 하는 역할을 한다.

수생식물의 분류

부유식물 (浮游植物, floating plants)

뿌리는 물속에 있지만 물에 떠서 생육하는 종류로서 수면 아래로 수염뿌리가 발달하는 특징이 있다. 물에 뜰 수 있는 것은 공기주머니를 가진 부낭浮囊조직 때문이다. 물 위에 부유식물이 떠 있으면 바닥까지 강한 빛이 닿지 않기 때문에 수온 상승과 이끼 증식을 막을 수 있다. 번식력이 강하여 적절히 솎아 주어야 한다. 종류로는 마름 · 생이가래 · 부레옥잠 · 개구리밥 · 물상추 · 자라풀 등이 있다.

침수식물 (沈水植物, submerged plants)

뿌리가 물속 바닥에 있고 줄기와 잎이 물속에 잠겨 있는 식물이다. 즉 식물 전체가 완전히 물속에 잠겨 있다. 침수식물의 잎은 고사리 · 레이스 · 머리카락 또는 긴 잎과 같은 형태를 가진 것이 특징이다. 물속 광합성에 의해서 만들어진 많은 양의 산소를 물속에 방출하여 물고기의 호흡을 돕는다. 석창포 · 검정말 · 물수세미 등이 있다.

정수식물 (挺水植物, emerged plants)

수심이 깊은 곳에서 자라고 뿌리는 물속에 내리며 줄기와 잎의 일부 또는 대부분이 물위로 뻗어 있는 식물이다. 땅속줄기에 통기조직이 발달되어 있어 뿌리의 호흡을 돕는다. 물옥잠 · 큰고랭이 · 부들 · 갈대 · 물달개비 · 물파초 · 벗풀 · 물속새 등이 있다.

부엽식물(浮葉植物, floating leaved plants)

물속에 뿌리를 내리고 줄기는 물속에, 잎과 꽃은 수면 위에 떠서 생육한다. 어린 식물일 때는 잎이 물에 잠겨 있으나 줄기가 자라면서 수면 위에 떠 있게 된다. 물속에 사는 곤충과 물고기들에게 산소를 공급하고 오염된 늪의 수질을 정화하는 역할을 한다. 잎의 면적이 커서 물속에 투과되는 햇빛을 줄여 이끼 발생을 억제하는 역할을 한다. 수련 · 연꽃 · 가시연꽃 · 개연꽃 · 어리연꽃 · 가래 · 물양귀비 등이 있다.

습지식물(濕地植物, marshy plants)

물가, 습지 등에 자생하는 식물이며 땅속 부분이 습한 환경에서 견딜 수 있는 식물이다. 자연 상태에서는 물이 불어서 뿌리줄기가 수중에 잠기는 경우도 있고, 또 수위水位가 낮아져서 토양 위로 나오는 경우도 있다. 종류로는 시페루스 · 해오라기사초 · 워터칸나 · 물창포 · 꽃창포 · 물칸나 · 물토란 · 워터코인 · 나선형골풀 · 부처꽃 · 실미나리아재비 등이 있다.

수생식물의 재배

물

'화단은 흙 만들기부터 시작한다.'라는 말이 있듯이 수생식물은 물 만들기가 가장 중요한 재배법이다. 물은 살아 있으며 시간과 더불어 언제나 변화한다. 변화란 화학작용 변화(산성화, 알칼리성화, 영양 부족, 영양 과다)와 물리적인 변화(수온의 고저, 투명도의 변화, 산소량의 변화) 외에 생물적 변화(물벼룩이나 플랑크톤의 발생으로 인한 물의 변화)가 있다.

수온

물의 변화는 수온水溫이다. 보통 호수의 온도는 기온에 따라 좌우되어 오르내리는데, 용량이 크기 때문에 변화는 완만하다. 그러나 용기에 담겨진 물의 온도는 일조량이 많은 낮과 일조량이 없는 밤에 큰 차이를 보인다. 따라서 용기의 수온의 변화는 매우 빠르다. 수온의 극단적인 상승과 하강은 수초의 생육에 큰 영향을 가져온다. 수돗물의 경우 소독용으로 첨가된 염소가 분해될 수 있도록 하루 정도 받아 두었다가 사용하고, 수온은 20~25℃가 적당하다.

광선

수생식물은 빛을 좋아하므로 실외에서 재배한다. 그러나 실내인 경우는 통풍이 잘되는 창가 등 유리창을 통해 빛이 들어오는 장소가 알맞다. 식물은 광합성에 의하여 필요한 영양분을 만든다. 그러므로 광합성을 하기 위해서는 햇빛이 잘 드는 곳에서 재배한다.

토양

적옥토·부엽토·논흙·강모래 등이 있으며, 이러한 토양을 혼합하여 유기有機 배양토를 만든다.

비료

봄에 분갈이할 때 흙에 섞어 주는 밑거름과 생장이 더딜 경우 섞어 주는 웃거름이 있다. 비료를 한번에 과다하게 주면 수질이 나빠지므로 주의한다.

수생식물의 관리

물갈이

식물 상태가 나빠져서 물이 썩거나 탁해지는 경우에 물갈이를 한다. 이런 경우에는 오래된 물을 한번에 새물로 바꾸는 것은 좋지 않기 때문에 물 전체를 가는 것보다 일부분의 적은 양의 물을 갈아 준다.

잎 제거

잎이 무성하면 빛이 닿지 않는 부분의 잎이 마르거나 물속에서 썩기도 한다. 또 수면에 떨어진 잎은 수질을 오염시킨다. 잎을 잘라 내어 통풍이 잘되게 하고 광선을 충분히 받도록 한다.

웃거름

비료가 부족하면 잎이 누렇게 변하고 새잎은 작아지고 꽃은 피지 않는 현상이 일어나게 된다. 이때 월 1회 정도 웃거름을 준다.

이끼

여름철에는 오염된 이끼나 장구벌레 등이 번식한다. 미관상 좋지 않고 식물에 나쁜

영향을 끼치므로 수면 위 이끼는 건져 내고, 용기 표면에 달라붙은 이끼는 칫솔 등을
이용하여 깨끗하게 닦아 준다.

수생식물 미니 정원 만들기

재료
용기, 마사토, 적옥토, 검은 자갈, 시페루스, 워터코인, 석창포, 아침이슬, 비단이끼,
돌

제작 순서
1 용기 바닥에 마사토 1㎝를 넣는다. 마사토는 채에 거른 뒤 굵은 입자만을 사용한
  다. 마사토에는 미세먼지와 이물질이 있으므로 물에 여러 번 헹구어 사용하여야
  통기성이 좋다.
2 적옥토를 채우면서 시페루스와 아침이슬을 뒤쪽에 심고 앞쪽에는 석창포와 워터
  코인을 심는다.
3 식물에 높낮이를 주어 입체감을 준다.
4 전체를 마사토로 다시 덮고, 돌과 비단이끼를 놓고 검은 자갈로 포인트를 준다.
5 물을 가득 채운다.

관리
1 여름철에는 수온이 높으므로 일주일에 한 번 물을 갈아 준다.
2 용기에는 물을 가득 채운다.
3 광선은 직사광선에 둔다.

수생식물 종류

부유식물

마름

마름과 한해살이풀로 연못이나 하천의 얕은 곳에서 자생하며 7~8월에 흰 꽃이 핀다. 가을에 검은색 열매가 물에 떠다니다가 가라앉아 이듬해 봄에 싹을 틔운다.

물상추

천남성과 여러해살이풀로, 온대지방에 분포하며 물에서 생육하고 상추와 비슷하게 생겼다. 충분한 광선이 필요하며, 높은 습도에 약하므로 바람이 잘 통하는 곳에서 자란다. 여름에는 생육 조건이 알맞아 단시간 내에 새끼 그루가 증식해서 수면을 덮는다. 반면 겨울에는 온도가 높고 햇빛이 잘 드는 실내에 들여야 잘 자란다. 빛이 약한 곳에서는 잎이 녹아 버린다. 그러나 지나치게 강한 빛은 선명한 초록색을 띠지 않으므로 반그늘에서 재배한다.

부레옥잠 Eichhornia

브라질 아마존 강변에서 자생하는 여러해살이풀이다. 히아신스와 같이 연한 보라색 꽃이 물속에서 핀다고 하여 '워터 히아신스 Water Hyacinth'라고도 한다. 한 송이 꽃이 아침에 피었다가 다음날 시들어 버리는 식으로, 한여름 내내 피고 지는 것을 반복한다. 추위에 약해 월동이 안 되며, 햇빛이 잘 드는 곳에서 잘 자란다. 오염 물질을 흡수하는 수질 정화 작용을 하며, 잎자루 안에 공기 주머니가 있어 물에 뜬다.

마름

물상추

부레옥잠

침수식물

물수세미 Myriophyllum

연못 · 하천 · 논 등에 무리지어 자생하는 개미탑과 여러해살이풀이다. 잎 형태가 서양톱풀과 비슷하여 'water milfoil'이라고도 부른다. 마치 녹색의 머리카락 같은 잎은 물고기의 산란과 은신처로 유용하다. 또한 물속에서 광합성에 의해 만들어진 풍부한 산소는 물고기의 호흡을 돕기도 한다.

석창포

천남성과 여러해살이풀이다. 짙은 초록색 잎이 위를 향해 뻗어 나며 냇가 등 물이 흐르는 습지에서 무리 지어 자란다.

정수식물

속새 Equisetum

그늘진 습지에서 자라는 여러해살이풀이다. 잎은 퇴화하고 긴 줄기에 마디마디가 있어 '마디초'라고도 부른다. 줄기 속은 비어 있으며, 각 마디는 짧고 검은 피막으로 싸여 있다. 진녹색의 땅속줄기가 옆으로 뻗으면서 자란다. 건조에 약하며 추위에는 강하다. 고온다습한 장마철에 마디에서 하나의 개체가 생긴다. 두 마디 정도의 줄기를 잘라서 마사토에 꽂으면 뿌리가 내린다.

물수세미

석창포

속새

부엽식물

열대수련

꽃 모양이 크고 화려하며 개화 기간이 길다. 화려한 꽃이 수면 위로 높이 뻗어 피며, 달콤한 향기가 나는 품종이 많다. 낮에 꽃이 피는 종류로는 흰색 · 노란색 · 분홍색 · 파랑색 · 보라색 등이 있고, 밤에 피는 종류로는 흰색 · 분홍색 · 빨강색 등이 있다. 잎가장자리가 톱니 모양이다. 번식시키려면 5월경 모구母球 윗부분에 붙어 있는 2~3개의 솔방울 모양의 구근을 따서 심으면 된다. 생육 기간은 5~9월이며, 월동하지 않는다. 그러나 월동을 시키려면 물속에 화분째 넣거나 알뿌리를 캐서 오래된 것은 잘라 낸 다음 물기가 있는 질석이나 톱밥에 묻어 스티로폼 박스에 넣어 보관한다.

온대수련

온대성은 열대성에 비해 크기가 작고, 꽃은 수면에 떠서 피며, 낮에 피고 해가 지면 오므라든다. 꽃의 색깔은 흰색 · 분홍색 · 빨간색이 있으며 보라색은 없다. 잎은 타원형이고 밋밋하다. 뿌리와 줄기는 수평으로 뻗으며 자란다. 생육 기간은 5~11월이며 추위에 강해 물이 넉넉한 연못에서는 월동한다. 단, 한랭지나 흙이 얼 정도로 추운 곳이라면 지하실에 보관한다. 땅속의 뿌리줄기를 가위나 칼로 수직으로 잘라 번식한다.

어리연꽃

여름부터 가을에 나오는 새순이 바나나 모양으로 독특해서 '바나나수초'라고도 한

수련

어리연꽃

다. 꽃은 아침 일찍 피었다가 오후에 지며, 꽃잎 가장자리에 난 복슬복슬한 털이 꽃을 더욱 아름답게 한다.

연꽃잎이 항상 깨끗한 이유 연잎을 보면 미세한 돌기가 나 있고 사이사이에 공기 방울이 들어가 있어 물방울이 옆으로 퍼지지 못하고 그냥 굴러 떨어진다. 이때 표면이 씻겨 나가면서 먼지가 함께 제거되기 때문에 깨끗해진다.

표 2-11 연꽃과 수련의 차이점

	수련	연꽃
잎	수면 위에 떠 있다.	수면 위에 올라와 있다.
꽃	수면 가까이에 꽃이 핀다. 꽃 둘레가 뾰족하다.	물 위에 솟아 올라와 핀다. 꽃 둘레가 둥글다.
뿌리	덩이뿌리처럼 자라서 새싹이 난다.	땅속줄기가 비대해져서 연근으로 식용한다.

연꽃 키우기

1 연꽃 씨를 준비한다.
2 씨앗의 미끈한 쪽을 3mm 정도 자른다.
3 용기에 물을 담고 씨앗을 담근다. 물이 탁해지면 갈아 준다.
4 일주일이 지나면 싹이 나온다.
5 2년 지난 연잎과 뿌리

연꽃 씨앗

껍질 일부분을 자른 씨앗을 물에 담근다.

2년 된 연꽃 잎

습지식물

꽃창포

붓꽃과의 여러해살이풀로, 높이는 60~120㎝이며 잎은 칼 모양으로 어긋난다. 여름에 붉은 보라색 꽃이 줄기나 가지 끝에 핀다.

물칸나

마란타과의 여러해살이풀로 칸나와 닮은 수중식물로 '워터칸나'라고도 불린다. 6~9월에 보라색 꽃이 이삭 모양으로 핀다. 추위에 잘 견뎌서 5℃ 이상에서 월동하고 16~30℃에 잘 자란다.

물토란

천남성과의 여러해살이풀로, 학명은 Colocasia esculenta이다. 토란잎과 비슷하며 물에서 자란다고 해서 '물토란'이라 불리지만 정식 명칭은 아니다. 잎의 색상에 따라 흑토란 등 여러 가지가 있다.

부처꽃

여러해살이풀로 밭둑이나 습지에서 자생한다. 50~100㎝로 곧게 서고 밑에서 가지가 갈라진다. 7~8월에 자주색 꽃이 줄기 끝에서 핀다. 지상부는 죽어도 매년 계속해서 핀다.

꽃창포

물칸나

물토란

부처꽃

시페루스

시페루스 알테르니폴리우스Alternifolius 품종은 줄기 끝에 우산 모양의 잎(실제로는 잎이 아니고 포(苞))이 20개 정도 달려 있다. 시페루스 파피루스cyperus papyrus 품종은 고대 이집트에서 이 식물로 종이를 제조했다고 알려져 종이의 어원인 파피루스가 학명이 되었다. '파피루스'란 그리스어로 '종이(Paper)'라는 뜻이다.

실미나리아재비

북아메리카 원산으로, '물안개'라는 이름으로 유통된다. 줄기가 솔잎처럼 가늘다. 양지바르고 습한 연못가나 시냇물 주변에서 잘 자란다. 7~8월에 노란색 꽃이 줄기 끝에 한 송이씩 핀다. 봄부터 가을까지 꽃이 피고 지며, 노지에서 월동과 번식력이 강하다. 양지바르고 습한 물가에서 잘 자란다.

해오라기사초

30cm 높이의 줄기 끝에 꽃처럼 보이는 순백색의 포가 피어나 8월경에 만발한다. 꽃이 피었을 때 직사광선을 받으면 꽃이 상하므로 실내 또는 비바람이 닿지 않는 곳에 둔다. 햇빛이 충분하고 통풍이 잘되며 습도가 알맞은 환경에서 키우면 해마다 꽃을 피운다. 이듬해 꽃을 감상하려면 꽃이 진 뒤 매달 한 차례 비료를 주면서 물의 양을 서서히 줄인다.

시페루스 파피루스(좌)와 시페루스 알테르니폴리우스(우)

실미나리아재비

해오라기사초

관엽식물을 수생식물로 키우기

산세베리아 · 싱고니움 · 스파티필름 · 맥문동 · 석창포 등의 관엽식물을 침수식물 또는 정수식물로도 키울 수 있다.

수생식물의 생태

수생식물의 생태 모형도

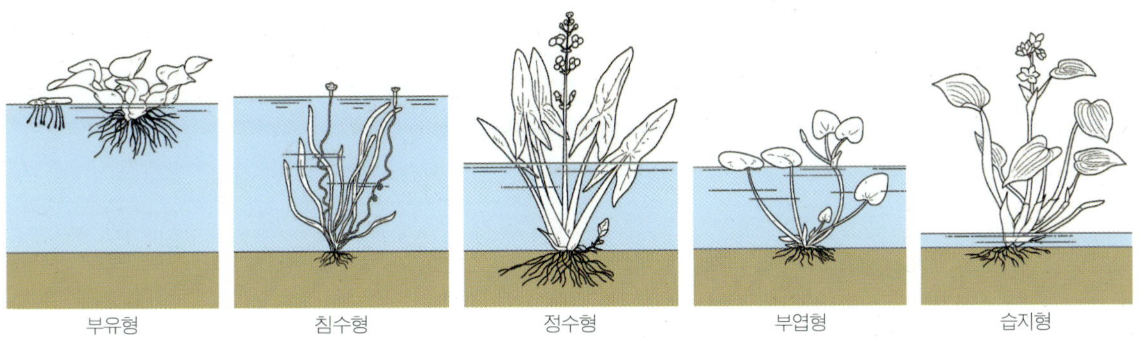

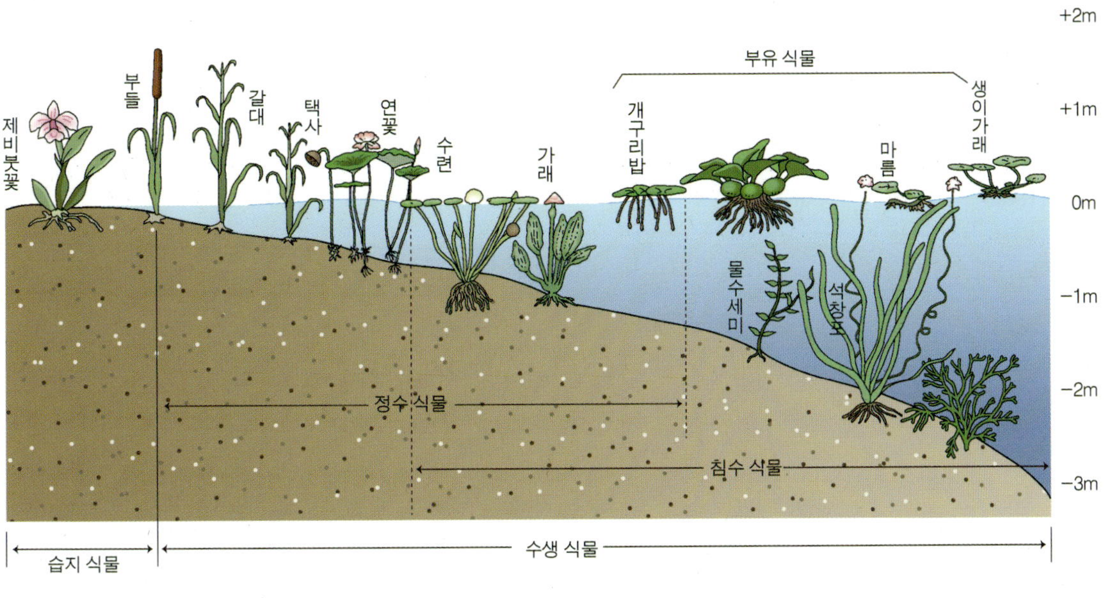

지피식물

지피식물은 땅의 표면을 낮게 덮어 주는 키 작은 식물로서, 초화류 · 관목류 · 덩굴식물 등이 있다. 주로 정원 · 공원 · 골프장 · 벽면 · 옥상 녹화 등에 이용된다.

지피식물의 기능
- 정원을 아름답게 하는 기능
- 땅을 덮어 비로 인해 흙이 흘러 내려가는 것을 막아 주는 기능
- 먼지 등 공기 중의 불순물을 감소시키는 기능
- 소음을 감소시키는 기능

지피식물로 재배하기에 적합한 식물
- 여러해살이로 번식력이 강한 것
- 키가 작고 뿌리가 튼튼한 것
- 추위에 강한 것
- 상록성이고 생장 속도가 빠른 것

계절별 지피식물

사시사철 꽃을 즐기고 싶다면 어떤 꽃이 언제 피는지 알아야 한다. 특히 지피식물은 모든 인테리어의 기본이 되는 식물이므로 개화 시기를 알아 두는 것이 중요하다.

표 2-12 계절별 지피식물

계절	주요 식물
봄	꽃잔디 · 복수초 · 할미꽃 · 노루귀 · 양지꽃 · 수선화
봄~초여름	돌나물 · 금계국 · 골무꽃 · 애기원추리 · 금낭화 · 매발톱꽃
여름	백리향 · 산수국 · 상사화 · 옥잠화 · 톱풀꽃 · 맥문동 · 노루오줌
여름~초가을	팬가우라(바늘꽃) · 두메부추 · 꽃무릇 · 꽃범의 꼬리 · 쑥부쟁이 · 구름국화
가을	꽃향유 · 층꽃나무 · 용담 · 구절초
겨울	꽃양배추

용도별 지피식물

지피식물은 종류도 셀 수 없이 많고 쓰임새가 다양한 만큼 활용도 또한 매우 높다. 원하는 용도에 맞게 가장 적당한 식물을 적소에 배치하기 위해서는 식물의 특성을 잘 알아야 한다.

상록수 아래 심는 종류

상록수는 연중 푸른 잎을 가지고 있어 지표면에 햇빛이 적게 들어 음지에 강하고 연중 잎이 푸른 지피식물이 적합하다. 송악·맥문동·마삭줄·줄사철·수호초·조릿대 등이 있다.

낙엽수 아래 심는 종류

낙엽수는 이른 봄, 겨울에는 잎이 없어 지표면에 햇빛이 들어오고 여름에는 녹음이 지므로 반음지식물이 적합하다. 옥잠화·금낭화·자금우·바위취·앵초·은방울꽃 등이 있다.

정원석 사이에 심는 종류

습기가 있는 돌 사이에 심는 것으로, 지나치게 크지 않은 식물로 돌의 크기 및 높이와 조화를 이루어야 한다. 꽃잔디·백리향·철쭉·돌나물·돌단풍·구절초·해국·섬기린초·상록패랭이·붓꽃 등이 있다.

표 2-13 지피식물의 종류

분류	주요 식물
소관목류	회양목·철쭉·눈주목·눈향나무 등
덩굴성 식물류	담쟁이덩굴·송악·빈카마이너 vinca minor·인동·줄사철·마삭줄 등
초본류	아주가·수호초·산호수·자금우·꽃잔디·맥문동·비비추 등
초화류	팬지·페튜니아·꽃베고니아·임파첸스·아스틸베·꽃양배추 등
다육식물	새덤·바위솔·꿩의비름 등
기타	고사리류·조릿대류 등

지피식물 종류

마삭줄

온난한 남부 해안과 도서 지방에서 자생한다. 협죽도과 상록성 덩굴식물로 바위나 나무 위에 기어오르며 자란다. 길이는 5~10m 정도로 자라며, 잎과 꽃이 아름다워 정원석이나 고목에 올려 주면 아름다운 경관을 감상할 수 있다. 잎은 광택이 나며 5~6월에 흰색 또는 노란색의 향기로운 꽃이 핀다. 잎이 작은 좀마삭줄, 잎에 흰색과 분홍색이 있는 오색마삭줄, 노란빛을 띠는 황금마삭줄 등 품종이 다양하다. 햇빛을 많이 받을수록 잎의 색깔이 선명해지며, 진초록 잎은 가을이 되면 붉은색으로 물든다. 꽃을 피우려면 1~10℃에서 월동 뒤 물이 살짝 부족하게 키운다.

황금마삭줄

우리나라 남해안의 섬 지방, 중국 · 대만이 원산지이다. 마삭줄(무늬 없는 종)의 원예용 변종이다. 땅을 덮거나 바위나 나무에 뿌리를 내리며 자란다. 잎은 노란색 또는 연두색이며 광택이 난다. 꽃은 6~8월에 흰색으로 피었다가 노랗게 변하며 향기가 있다. 잎이 얇아 물을 자주 주어야 한다. 햇빛이 강할수록 잎의 색이 선명해지며, 햇빛이 부족하면 웃자란다. 햇빛이 강한 곳에서는 잎이 노란색이나 붉은색으로 변해 단풍이 든 것처럼 보인다. 적절한 생육 온도는 15~25℃이며, 최저 온도는 5℃ 이상이다. 추위에 강한 편이지만 중부 지방에서는 서리가 내리기 전에 실내에 들여 놓아야 한다. 줄기꽂이나 줄기 휘묻이로 번식한다. 성장기에 매월 한두 차례 덧거름을 주면 줄기가 왕성해지며 잘 자란다. 덩굴성 식물이므로 구리철사를 줄기에 감아 원하는 모양으로 만들 수 있다. 고온 건조기에는 진딧물이나 응애가 발생할 수 있으므로 분무기로 뿌려 주거나 통풍이 잘되는 곳에 둔다.

마삭줄

황금마삭줄

맥문동

백합과 상록성 여러해살이풀이다. 맥문동은 추운 겨울에 잎 모양이 보리와 비슷해서 붙여진 이름이다. -10~5℃에서 월동하는 내한성 지피식물이다. 잎은 진녹색이며, 5~6월에 연보라색 꽃이 피고, 가을에는 진한 보라색 열매가 열린다. 건조하고 그늘진 큰 나무 밑에서도 잘 자란다. 잔디 대용으로 심는다. 짧고 굵은 뿌리줄기는 약용 또는 차로 마시기도 한다. 잘 말려서 다려 먹으면 기침을 멎게 하는 효과가 있다.

바위취

상록 여러해살이풀이다. 흰색의 꽃 모양이 대大자를 닮아 '대문자초'라고도 부른다. 잎은 범의 귀를 닮아 '범의 귀'라고도 한다. 잎은 뿌리줄기에서 나오고 잎자루는 길다. 잎의 앞면은 녹색, 뒷면은 자주색이다. 5~6월에 흰색 꽃이 핀다.

백화등

남부 지방의 숲 속에서 기근으로 바위나 나무에 붙어 올라가는 상록 덩굴식물로, 5m까지 자란다. 꽃은 흰색이 가장 많고 간혹 연분홍빛을 띤 것도 있다. 흰색 꽃은 점차 노란색으로 변한다. 가을이 되면 잎에 단풍이 든다. 물을 좋아하는 식물로, 토양을 습하게 관리해 주고 직사광선이나 반직사광선에서 키운다. 단, 한여름에는 직사광선을 피한다. 추위에 강하므로 5℃ 이상에서 키우며, 적온은 20℃이다. 줄기를 5*cm* 잘라 심으면 뿌리가 내린다.

맥문동

바위취

백화등

빈카 마이너 Vinca minor

유럽이 원산지인 상록 덩굴 여러해살이풀이다. 줄기는 옆으로 기며 뻗어나간다. 3~6월에 새순에서 줄기가 나와 그 끝에 보라색 꽃이 핀다.

사철패랭이

북반구가 원산지인 석죽과 여러해살이풀로 원예종이 300여 종에 이른다. 습기에 약해 물 빠짐이 안 되면 잎이 누렇게 변하고 병충해가 생기며 포기가 썩기 쉬우므로 배수가 잘되고 햇빛이 잘 드는 곳에서 재배한다. 내한성이 강해 한 번 심으면 해마다 진분홍색 꽃이 피며 잎은 사철 푸르다. 여름철에는 포기가 약해지므로 가을철에 다시 포기를 튼튼하게 하고 늦가을까지 꽃이 피게 하려면 덧거름으로 깻묵과 퇴비를 월 1회 준다. 번식은 초가을이나 봄에 직파하거나, 파종상에서 키운 뒤 정식한다. 여름철 고온과 건조한 환경을 싫어하므로 유의해야 한다. 봄에 파종하면 여름에, 가을에 씨를 뿌리면 이듬해 5월에 꽃이 핀다. 줄기꽂이는 줄기를 3cm 정도 잘라 배양토에 꽂는다. 포기나누기를 해 주면 지하경이 월동해 해마다 새로운 줄기를 만들어 내며 꽃을 피운다. 꽃은 흰색 · 분홍색 · 자홍색 · 붉은색 등으로, 잎이 푸르고 늦가을까지 꽃을 피워 잔디 대용으로 인기가 많다.

수호초

일본이 원산지인 회양목과 상록성 여러해살이풀이다. 햇빛은 반직사광선~약광선이 적당하며 나무 그늘에서도 잘 자랄 정도로 그늘에 강하다. 4~5월에 피는 흰색 꽃은 향기가 있다. 줄기는 땅속에서 옆으로 뻗는다. 겨울에도 사계절 푸른 잎을 가지고 있어 공원 화단에서도 자주 볼 수 있는 지피식물이다. 8월경 잎 부분을 5cm 정도 남기고 순지르기를 하면 포기가 풍성해져 땅을 덮는다. 번식은 포기나누기 또는 꺾꽂이로 한다. 나무 그늘 아래 경사진 곳에 모아 심으면 흙이 흘러내려오는 것을 막을 수 있다. 토양은 물 빠짐이 잘되고 약간 축축하고 비옥한 토양에서 잘 자란다.

아주가 Ajuga

유럽이 원산지인 상록 여러해살이풀로, 잎과 꽃을 감상하는 식물이다. 노지에서 월동하며 봄에 긴 꽃대를 따라 깊게 남보라색의 작은 꽃들이 올망졸망하게 핀다. 뿌리에서 가지가 사방으로 뻗고 땅으로 기면서 자란다. 햇빛을 많이 볼수록 잎의 색상이 선명하며 줄기는 흙에 닿기만 해도 뿌리내릴 정도로 잘 번식한다. 번식력과 생존력이 강한 대표적인 지피식물로 옥상정원에 이용하면 알맞다. 습기가 많은 곳을 좋아하며 그늘에서도 잘 자란다. 단, 건조에는 약하다.

빈카 마이너

사철패랭이

수호초

아주가

상생식물

상생식물(Companion Plant)이란 두 가지 식물을 함께 심으면 상호 보완하여 좋은 영향을 미치는 식물을 말한다. 즉, 궁합이 좋은 식물을 말한다. 예부터 농가에서는 농약이나 화학비료를 사용하지 않고 상생식물을 유기농 재배에 응용해 왔다.

상생식물의 이점
- 병충해를 예방한다.
- 생장을 돕는다.
- 연작 장해(한 장소에서 한 작물을 연이어 재배해서 오는 피해)를 크게 줄인다.
- 열매를 잘 맺게 한다.
- 토양을 개량한다.
- 흙 건조 방지와 보온 효과

꽃·채소의 상생 작용

표 2-14 꽃의 상생 작용

분류	주요 식물
마가렛 메리골드	채소와 같이 심으면 흙 속에 선충을 죽이는 효과가 있다.
한련화	무·오이·양배추·브로콜리와 같이 심으면 진딧물을 예방한다.
페튜니아	콩이나 채소와 같이 심으면 해충이 잘 생기지 않는다.

표 2-15 채소의 상생 작용

분류	주요 식물
고추	배추와 같이 심으면 배추흰나비를 퇴치하며, 해충과 벌레가 줄어든다.
마늘	오이, 토마토, 시금치와 같이 심으면 강한 냄새로 병원균을 죽이고 진딧물을 예방한다. 장미와 같이 심으면 풍뎅이를 예방한다.
양파	딸기, 양상추와 같이 심으면 괄태충을 예방한다.

허브의 상생 작용

허브는 특히 병충해 예방 효과가 크다. 임파첸스 · 차조기 · 파슬리 등은 그늘에서도
잘 자라고 토양이 건조해지는 것을 막아 주므로, 토마토 · 가지 · 콩과 함께 심으면
좋다.

표 2-16 허브의 상생 작용

분류	주요 식물
로즈메리	양배추, 당근, 콩류와 섞어 심으면 배추흰나비가 적게 날아온다.
민트	유채와 같이 심으면 강한 향기가 살균 효과가 있어서 배추흰나비가 날아오는 것을 막는다.
바질	토마토와 같이 심으면 강한 향기와 살균 성분으로 인해 나방류가 덜 날아오게 한다.
세이지	양배추와 같이 심으면 배추흰나비가 날아오지 않는다.
차이브	스스로 미끼가 되어 진딧물을 모아들인다.
캐모마일	뿌리에서 나오는 성분이 병충해를 예방한다.
파슬리	토마토, 아스파라거스, 당근과 같이 심으면 생육을 돕고 풍미를 좋게 한다.

임파첸스와 메리골드 상추를 심은 모습

상추, 한련화, 차이브를 같이 심은 모습

가지와 바질을 함께 심은 모습

제3장

실내정원 그린 인테리어

테라리움 
유리병 속의 작은 정원

테라리움Terrarium이란 라틴어의 Terra(earth: 땅, 흙)와 arium(home: 용기, 방)의 합성어로, 배수 구멍이 없는 투명한 용기 안에 식물을 재배하면서 꾸미고 가꾸는 작은 정원이다. 테라리움은 1829년 영국 의사 나다니엘 워드Nathaniel Ward 박사가 나방의 일종인 shpinx moth의 부화와 생장 과정을 관찰하기 위하여 밀폐된 유리병 속에서 기르던 중 우연히 양치식물의 포자가 그 속에서 발아하는 것을 발견하면서 시작되었다.

테라리움의 이점

- 일정한 온도와 공중 습도를 유지해 준다.
- 먼지, 매연, 충해로부터 식물을 보호할 수 있다.
- 실내 장식 효과가 있다.
- 관리하기 쉽다.(월 1~2회 물 주기)

테라리움의 원리

테라리움은 식물의 생리 작용과 대기의 자연 순환 법칙을 이용한 것이다. 식물은 자연광이든 인공광이든 적당한 빛만 있으면 용기 내에서 물·산소·이산화탄소가 순환되어 생장 가능하다. 즉 뿌리에서 빨아올린 물이 잎을 통해 배출되어 공기 중에 남아 있다가 유리면에 닿으면서 물방울이 되어 떨어져 다시 뿌리로 흡수되는 과정이 순환된다. 이를 '수분 순환 작용'이라고 한다. 또 낮에는 탄소 동화 작용에 의해 이산화탄소(CO_2)를 흡수하고 산소(O_2)를 방출하며, 밤에는 호흡 작용으로 산소를 흡수하고 이산화탄소를 내뿜는다. 따라서 오랫동안 물을 주지 않아도 식물이 생장할 수 있다.

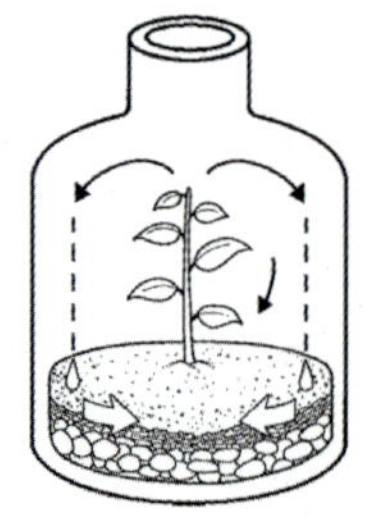

유리면에 닿은 수분이
물방울이 되어 떨어짐

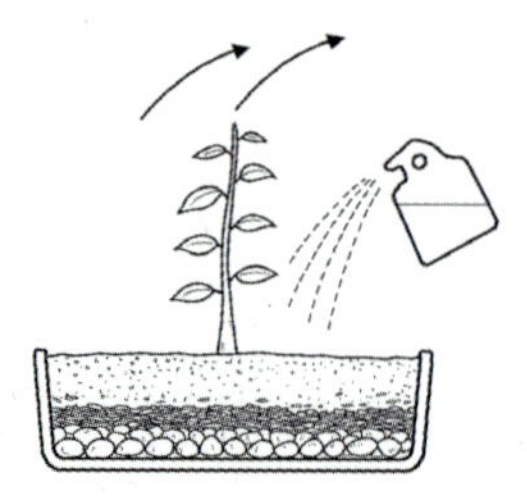

뿌리에서 빨아올린 물이
잎을 통해 배출됨

테라리움

테라리움의 종류

테라리움은 용기 개폐 여부에 따라 밀폐식과 개방식으로, 내용물에 따라 테라리움·아쿠아리움·비바리움으로 분류한다. 그 밖에도 산속이나 숲을 연상시키는 열대림 테라리움(Tropical Terrarium), 사막의 선인장이나 다육식물로 꾸미는 사막형 테라리움(Desert Terrarium), 수초·금붕어·열대어 등과 함께 꾸며 물가를 연상시키는 수족형 테라리움(Aquatic Terrarium) 등 다양한 형태로 즐길 수 있다.

용기 개폐 여부에 따른 분류

밀폐식 테라리움Close Type Terrarium
뚜껑이 있는 용기이므로 내부의 습도가 높기 때문에 습기에 잘 견디는 잎이 얇은 식물이 적당하다. 마삭줄·푸밀라·트리안·아디안텀·네프로레피스·세라기넬라 등.

개방식 테라리움Open Type Terrarium
용기 일부 또는 전부가 열린 상태여서 습기가 외부로 증발하므로 건조한 환경에서도 잘 자라는 잎이 두꺼운 식물이 적당하다. 페페로미아·호야·네마탄셔스 등.

개방식 테라리움. 잎의 색상들을 조합했다.

밀폐식 테라리움

용기 내의 내용물에 따른 분류

테라리움

용기 내에 식물만 식재하는 것.

아쿠아리움

용기 내에 수초와 관상용 물고기를 함께 키우는 것.

비바리움

식물과 개구리나 거북이 등 파충류를 함께 키우는 것.

테라리움 관리

물 주기

용기 안에 물방울이 생기지 않거나 토양 표층 2~3㎝ 아래가 건조할 때 물을 준다. 밀폐식 용기는 월 1~2회 물을 준다. 물의 온도는 20℃가 적당하다. 저온다습하면 줄기나 잎이 검게 녹아들어간다. 용기 밑바닥에 물이 고이면 탈지면으로 흡수시킨다.

광선

직사광선에 노출되면 내부 온도가 급격히 상승하므로 실내의 밝은 창가에 놓아 둔다. 광선이 부족하면 웃자라거나 아랫잎이 떨어진다. 광선이 없는 곳에는 백열등·형광등을 설치하여 부족한 광을 보충한다. 백열등과 형광등의 비율은 1 : 5가 이상적이다.

온도

최적 온도는 20℃~30℃이다. 한여름에 강한 직사광선을 쬐면 유리 용기 속 온도가 30℃ 이상으로 올라가 식물체가 타거나 웃자라며, 용기 내에 물방울이 맺혀 흐리게 보인다. 이때는 뚜껑을 열어 온도를 낮춘다.

통풍

수분이 과다하거나 외부 온도가 낮아 유리 용기 내부에 물방울이 맺힐 때는 실내 온도를 높이거나 뚜껑을 열어 준다. 또 밀폐된 용기 내부가 습하면 곰팡이가 생기므로 주 1회 환기한다.

비료

비료를 주면 생장 속도가 빨라져 본래의 조경미가 없어지고, 염분 과다로 인해 유리면에 침전물이 생기게 되므로 무비료를 원칙으로 한다. 그러나 생육이 좋지 않을 때는 액체 비료를 2,000배액 희석하여 잎에 뿌려 준다.

전정

생장 속도가 빠르면 잎이나 줄기가 유리면에 닿게 되므로 가지 정리를 해 준다.

병충해

잎을 갉아 먹는 달팽이는 젖은 휴지나 무 조각을 식물 주위에 놓아 두어 달팽이가 모여들면 그때 제거한다. 또는 달팽이약(팽이싹)을 흙 위에 올려 놓는다.

테라리움 만들기

테라리움을 만들기 위해서 반드시 알아 두어야 할 것들이 있다. 제일 먼저 어떤 종류의 테라리움을 만들 것인지 결정해야 하고, 심으려는 식물의 특성·토양·제작에 필요한 용기들을 어떻게 준비해야 하는지 등이다.

용기

용기의 뒷면과 옆면을 거울로 제작하면 용기가 넓고 크게, 입체적으로 보이는 효과를 얻을 수 있다.

표 3-1 테라리움 용기

분류	내용
종류	밀폐식 용기, 개방식 용기
재질	유리 아크릴(두께는 $3 \sim 8mm$로 제작)
형태	사각형, 원형, 육각형, 삼각형 등

식물

고온다습한 환경(온도 : 20~30℃, 공중 습도 : 60~80% 정도)에서 자라는 열대~아열대가 원산지인 식물이 적당하다.

생육 환경

표 3-2 생육 환경

분류	주요 식물
열대~아열대 식물군	싱고니움, 드라세나, 고무나무, 헤데라, 피토니아, 마란타
숲속 식물군	아스파라거스, 아라우카리아, 아스플레니움, 네프로레피스, 아디안텀, 푸테리스, 세라기넬라
사막 식물군	선인장, 다육식물

습도

표 3-3 습도

분류	주요 식물
높은 습도에서 잘 자라는 식물	아디안텀, 피토니아, 네프로레피스 두피, 아스플레리움 아비스 *Asplenium Avis*, 프테리스, 아펠란드라, 푸밀라, 베고니아 렉스
습도가 높지 않아도 잘 자라는 식물	호야, 크로산드라, 네마탄서스, 헤데라, 싱고니움, 스파티필름, 페페로미아
선인장, 다육식물	알로에, 칼랑코에, 세덤, 꽃기린, 아가베
꽃이 피는 식물	꽃베고니아, 엑사콤, 시클라멘, 임파첸스 뉴기니아, 아부티론, 아프리칸 바이올렛

크기

표 3-4 크기

분류	주요 식물
지피식물	덩굴성 고무나무, 세라기넬라 *selaginella*, 헤데라, 마삭줄
낮은 키	아프리칸 바이올렛, 페페로미아, 싱고니움
중간 키	마란타, 베고니아, 아스플레니움, 아디안텀
큰 키	야자류, 디펜바키아, 드라세나, 코르딜리네

흙

병충해가 없는 살균 소독된 흙으로, 가볍고 공 기 유통이 잘되고, 보온성 · 보습성 · 통기성이 있는 인조 흙이 적당하다.

종류

표 3-5 흙의 종류

분류	주요 식물
질석(버미큘라이트)	적갈색이며 보온성, 보습성이 있다.
펄라이트	흰색이며 통기성과 배수성이 있다.
피트모스	늪지대 바닥에서 채취한 토양으로 밤색이며 가볍고 강한 산성이다. 또한 보습성이 있고 물에 적셔서 사용한다.
마사토	화강암이 풍화된 토양으로 입자의 크기에 따라 굵은 것과 가는 것이 있다. 배수층으로 이용되며 통기성과 배수성이 좋다.

배합

식물 종류에 따라 배합 비율이 다르다. 예를 들어 굵은 뿌리는 통기성이 있는 펄라이트, 가는 뿌리는 보습성이 있는 피트모스, 선인장 · 다육식물은 굵은 모래를 다량 혼합하여 사용한다. 흙 입자가 클수록 공기가 통할 수 있는 공간이 많아져 뿌리 발달에 좋다.

제작 기구 및 재료

표 3-6 제작 기구 및 재료

분류	주요 식물
깔때기	양주병과 같이 입구가 좁은 용기에 토양을 넣을 때 사용한다.
붓	렉스 베고니아, 아프리칸 바이올렛 등과 같이 솜털이 있는 식물의 잎에 묻은 흙을 털어 내는 데 사용한다.
코르크 마개	흙을 다지는 데 이용한다.
부직포	배수층과 흙이 혼합되지 않도록 하는 데 이용한다.
숯	수분의 침적 및 정화 작용, 악취 제거에 사용한다.
스푼 달린 막대	면도칼이 부착되어 있어 전정 용구로 사용한다.

토양 쌓기

1 용기를 깨끗이 닦은 뒤 밑바닥에 배수층을 만들기 위해 자갈 · 숯 · 맥반석을 용기 높이의 1/10 정도 넣는다.

2 자갈 · 숯 · 토양이 혼합되지 않도록 배수층 위에 부직포를 깔아 준다.

3 배합한 인조 토양(버미큘라이트 : 펄라이트 : 피트모스 = 5 : 3 : 2)을 용기 높이의 1/4이 되도록 넣는다.

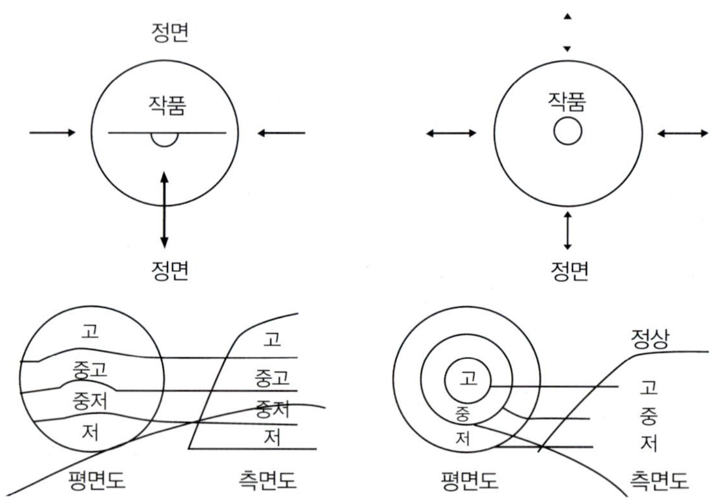

심기

1 토양에 구멍을 파고 식물을 심는다.

2 식물의 크기 · 형태 · 색상을 고려하여 심은 뒤 돌이나 나무토막 등의 소품을 곁들여 소정원을 만든다.

3 수태를 덮은 뒤 부분적으로 자갈로 포인트를 준다.

4 물을 준 뒤 분무기로 스프레이한다.

병 재배 테라리움 만들기

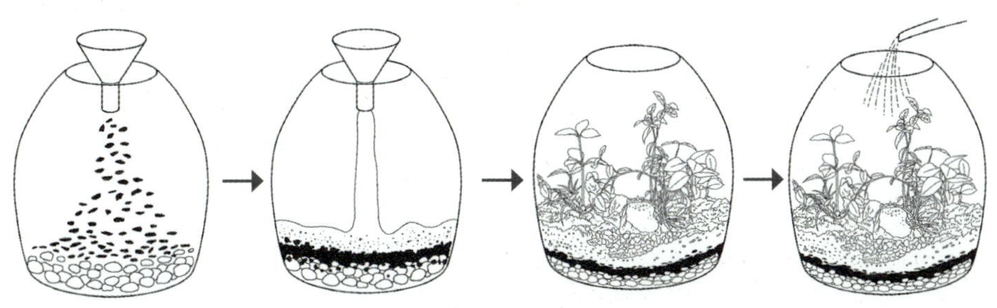

개방식 테라리움 만들기

준비물

- **식물** 마삭줄, 페페로미아 줄리아, 천냥금, 피토니아 핑크스타, 왜란(유통명 : 애란)
- **부재료** 아몬드형 유리 용기, 장식돌, 마사토, 수태, 색돌, 숯
- **인공 용토** 질석, 펄라이트, 피트모스

만드는 법

1 용기 밑바닥에 마사토와 숯을 깐다. 이렇게 하면 과다한 수분을 흡수할 수 있다.
2 1 위에 배양토를 용기의 1/4 정도로 높낮이 있게 넣고, 앞부분에는 색돌로 무늬를 넣는다.
3 키가 큰 식물인 페페로미아 줄리아를 먼저 심고 장식돌을 배치한 뒤, 작은 식물인 피토니아 · 왜란 · 천냥금을 심어 높낮이를 형성한다.
4 식물을 다 심은 뒤 수태를 깔고 용기 전체의 1/3 정도 공간을 남겨 두어 완성한다.

통병을 눕혀서 만든 테라리움

2개의 용기를 이용해 높이감을 준 테라리움

키가 큰 파키라가 시원함을 준다.

토분, 브로나아와 무스카리를 이용해 계절감을 준 테라리움

다육식물을 이용한 테라리움

마삭줄, 피토니아, 뮤렌베키아로 구성한 테라리움

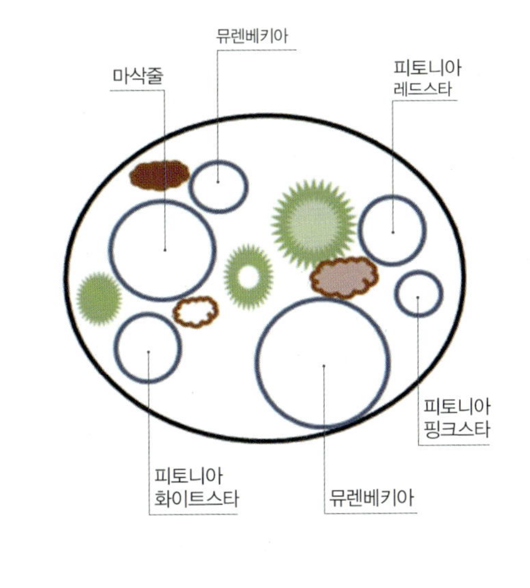
테라리움 작품

평면도

디시가든

디시가든Dish Garden이란 접시처럼 얕고 넓은 용기에 다양한 식물을 숯·돌·나무토막·조개껍질 등의 부재료와 함께 식재하여 작은 정원(풍경)을 꾸미는 것이다. 디시가든과 비슷한 것으로 중국의 분경盆景이 있다. 분경은 수반水盤 또는 넓은 용기에 수목·초본·돌·첨경물을 배치하여 자연의 아름다운 경관을 축소하여 표현한 것이다.

디시가든의 이점

- 손쉽게 용기를 구할 수 있고, 좁은 공간에서도 활용이 가능하다.
- 여러 가지 식물을 모아 심어 관리하기 쉽고 특히 물 주기가 쉽다.
- 작은 용기에 바다·산·강·계곡·들판 등 다양한 자연 경관을 표현할 수 있다.

디시가든의 종류

초본 디시가든

패랭이·참나리·붓꽃·금낭화·매발톱꽃 등의 초본식물을 이용한다.

초본 디시가든

목본 디시가든

돌 디시가든

이끼 디시가든

목본 디시가든

소나무, 단풍나무, 소사나무, 애기사과, 피라칸사 등의 나무류를 이용한다.

돌 디시가든

화강석, 현무암 등 모든 돌을 이용할 수 있다.

이끼 디시가든

이끼류를 이용한다.

난 디시가든

춘난, 풍란, 한란 등 동양란을 이용한다.

디시가든 관리

물 주기

식물 종류와 놓는 장소에 따라 물 주는 횟수가 다르다. 물은 겉흙이 말랐을 때 준다. 디시가든은 분이 낮고 넓어 수분 증발이 활발하므로 토양이 쉽게 마른다. 배수 구멍이 있는 용기는 물을 충분히 준 뒤 겉흙이 마르면 준다. 배수 구멍이 없는 용기는 물 빠짐이 안 되어 토양 속 수분이 많아져 공기 순환이 안 될 수 있다. 토양 속 공기가 감소하면 뿌리가 발달하지 못하고 토양 미생물의 활동이 억제되어 유기물 분해가 제대로 되지 않는다.

수온은 20℃ 내외가 적당하다. 수돗물에는 염소와 불소가 함유되어 있어 불소화합물에 민감한 드라세나 맛상게아나(행운목)·줄모초 등은 잎 끝이나 가장자리가 마른다. 또 찬물은 뿌리에 냉해를 주며, 싱고니움·아프리칸 바이올렛·산세베리아 등은 잎에 반점이 생긴다. 아침저녁으로 자주 잎에 분무해 주어야 습도 조절이 되고 병충해도 예방할 수 있다.

표 3-7 식물의 종류별 물 주는 방법

물 주기	특징	식물의 종류
자주 주는 식물(often)	잎이 얇고 뿌리와 줄기는 가늘다.	피토니아, 푸밀라, 재스민, 아부티론, 히포에스테스, 아잘레아
더디게 주는 식물 (less)	잎은 두껍고 뿌리와 줄기는 굵다.	나비란, 페페로미아, 호야, 아나나스, 폴리시아스, 글록시니아, 시클라멘, 아스파라거스, 줄모초

공중 습도

실내식물은 공중 습도를 60~70% 정도로 유지하는 것이 적당하다. 보통 실내 습도는 30~40% 정도로 낮아서 잎 끝이 마르는 경우가 많다. 공중 습도에 약한 식물인 고사리과 식물(네프로레피스, 아디안텀, 파초일엽), 아펠란드라, 피토니아 등은 적합하지 않고 공중 습도에 강한 식물을 선택하는 것이 좋다. 또, 피토니아처럼 잎이 얇은 식물보다 호야와 같이 잎이 두꺼운 식물이 관리하기 쉽다.

표 3-8 공중 습도에 강한 식물과 약한 식물

공중 습도	대기 중 습도	식물의 종류
약한 식물	60~80%	네프로레피스, 아디안텀, 프테리스, 아스플레니움 · 아비스, 피토니아, 아펠란드라, 박쥐란
강한식물	40~50%	호야, 선인장, 다육식물(녹영, 러브체인), 칼랑코에

광선

선인장 · 다육식물 · 꽃 피는 식물은 직사광선, 잎이 두껍거나 색상이 있는 관엽식물 반직사광선, 잎이 얇거나 잎에 색상이 없는 식물은 약광선에서 관리한다. 여름철 음지식물을 직사광선에 노출하면 잎이 타거나 윤기가 없어진다. 반면 직사광선이 필요한 식물을 약한 광선에 놓으면 꽃이 피지 않고 잎은 얇아지며, 웃자라서 형태가 흐트러진다.

표 3-9 식물의 종류별 일조시간

식물 종류	특 징	일조시간	식물의 종류
양지식물	직사광선을 받아야 한다. 주로 꽃 피는 식물이 속한다.	12시간 이상	프리뮬러, 제라늄, 선인장, 다육식물, 후크시아, 콜레우스, 페튜니아, 팬지, 데이지, 란타나, 아부티론
반음지식물	여름에 발 또는 레이스 커튼을 통해 들어오는 반직사광선을 받는다. 주로 잎에 색상이 있는 식물이다.	6시간	호야, 크로톤, 꽃베고니아, 칼라디움, 빈카, 아프리칸 바이올렛, 익소라, 크로산드라
음지식물	약한 광선에서도 잘 견딘다.	4시간	푸밀라, 아글라오네마, 싱고니움, 필로덴드론, 스킨답서스, 디펜바키아, 네프로레피스, 아디안텀, 아이비, 옥시카르디움

온도

열대~아열대 식물인 관엽식물의 최적 온도는 20~30℃이다. 봄~가을까지는 문제가 되지 않지만, 겨울철에는 고온성 식물(아프리칸 바이올렛, 디펜바키아, 크로톤, 피토니아 등)의 최저 한계 온도 13℃ 이상을 유지해야 한다. 그러나 난방을 하면 실내가 건조해지면서 식물체가 마르기 쉬우므로 습도 조절에도 신경을 써야 한다. 5℃ 이하에서는 아랫잎부터 낙엽이 지며, 반대로 30℃ 이상의 고온에서는 증산작용을 일으

커 피해를 입고 호흡이 증가함으로써 저장 양분이 소모되므로 식물체가 연약해진다.

표 3-10 고온성 식물과 저온성 식물 비료

온도	최저 한계 온도	식물
고온성 식물	13℃ 이상	포인세티아 , 히포에스테스, 아나나스, 알라만다, 드라세나 · 트리칼리, 디펜바키아, 아글라오네마, 아펠란드라, 크로산드라, 크로톤, 아부티론, 적색 코르딜리네, 시페루스, 피토니아, 스파티필름, 아프리칸 바이올렛
저온성 식물	5℃ 이상	백량금, 자금우, 식나무, 아이비, 엽란, 마삭줄, 푸밀라, 아리우카리아, 바위취, 남천

비료

비료는 온도와 밀접한 관계가 있다. 식물 활동기인 봄과 가을에는 비료를 많이 주고, 고온기인 여름이나 저온기인 겨울에는 비료를 주지 않는다. 보통 월 2회 주는데, 수용성 하이포넥스Hyponex를 1,000배액 희석해 잎에 분무하거나 알비료를 토양 위에 올려 놓는다. 액체 또는 분말인 하이포넥스에는 질소(6%) · 인산(10%) · 칼리(5%)가 들어 있으며, 생육이 부진할 때 2,000배액으로 희석하여 잎의 앞뒷면에 분무해 준다. 물 비료를 주기 전에 물을 주면 비료 흡수력이 떨어지므로 주의한다. 관엽식물 중 잎에 무늬가 있는 크로톤 · 콜레우스 · 호야 · 코르딜리네 · 칼라디움은 질소질 비료를 많이 주면 생장은 왕성하지만 잎에 무늬가 나타나지 않는다.

병충해

균과 충이 있다. 균은 연부병 · 흑반병 · 그을음병, 충은 깍지벌레 · 응애 · 진딧물 · 온실가루이 · 달팽이 등이다. 특히 실내는 고온건조하여 깍지벌레가 많이 생기므로 수시로 잎에 분무하고 환기시킨다.

표 3-11 질병의 원인과 증상

원인	증상
수분 과다	잎이 누렇게 뜨고 잎 끝은 갈변한다.
광선 부족	잎이 떨어지고 색상이 옅어진다. 잎이 커지거나 마디 사이가 길어진다.
광선 과다	잎 끝이 마르고 퇴색한다.
산소 부족	곰팡이가 생긴다.
비료 부족	잎이 누렇게 된다.
저온	잎이 암갈색으로 변한다.
공중 습도 부족	잎 끝이 마르고 누렇게 변한다.

디시가든 만들기

용기

배수 구멍이 있는 것과 없는 것이 있다. 재질은 도자기·플라스틱·테라코타·유리·나무 등으로 다양하고, 형태는 타원형·원형·직사각형·정사각형 등이 있다.

식물

한 용기 안에 여러 가지 식물을 식재하므로, 햇빛·물·온도·배양토 등 생육 습성이 비슷한 종류를 선택하고 원근감이 잘 나타나도록 심는다. 관엽식물·선인장·다육식물·야생화·꽃식물·구근류·허브·수생식물·식충식물 등에서 선택한다.

관엽식물
- **대大** 아라우카리아, 코르딜리네, 드라세나, 필로덴드론, 디펜바키아
- **중中** 테이블야자, 베고니아, 싱고니움, 마란타, 아글라오네마, 스킨답서스, 아펠란드라, 아디안텀, 아스플레니움, 아스파라거스, 팔손이
- **소小** 피토니아, 호야, 푸테리스, 타아라, 페페로미아, 필레아
- **지피식물** 세라기넬라, 아이비, 푸밀라, 트리안

꽃 식물
아프리칸 바이올렛, 아프리칸 봉숭아, 안슈리움, 꽃베고니아, 스파티필름 등

찻잔에 심은 **쉘폴레라**

장독 뚜껑에 심은 **파키라**

깊이감을 주는 마름모 용기

선인장, 다육식물

게발선인장, 알로에, 부채선인장, 크라슐라, 세덤, 세네시오, 에케베리아 등

야생화

자금우, 백량금, 황금개미자리, 돌단풍, 풍로초, 노루귀, 할미꽃, 마삭줄 등

구근류

아마릴리스, 히아신스, 크로커스, 무스카리, 글록시니아, 시클라멘 등

허브

로즈메리, 민트, 라벤다, 레몬밤, 바질, 헬리오트로프, 차이브 등

수생식물

시페루스, 워터코인, 속새풀, 해오라기 사초, 벗풀, 석창포, 물카라 등

식충식물

파리지옥, 끈끈이주걱, 벌레잡이제비꽃 등

흙

무균 · 배수력 · 통기성 · 보습성 · 보온성이 있는 토양으로, 식물에 맞는 용토를 선택한다.

표 3-12 식물군에 따른 용토 배합

식물 종류	용토 배합 비율
열대~아열대 관엽식물	부엽토 : 펄라이트 : 피트모스 : 숯가루 = 1 : 2 : 2 : 1
선인장, 다육식물	부엽토 : 펄라이트 : 모래 : 숯가루 = 1 : 2 : 2 : 1
야생화	녹소토 : 적옥토 = 1 : 1
꽃 식물	부엽토 : 피트모스 : 펄라이트 = 5 : 3 : 2
허브	부엽토 : 펄라이트 : 모래 = 6 : 3 : 1
수생식물	점토 : 강모래 = 8 : 2
구근류 점토	부엽토 : 모래 = 5 : 3 : 2
식충식물	피트모스 : 수태 : 모래 = 7 : 2 : 1

심기

1 용기 밑바닥에 숯, 마사토, 펄라이트로 배수층을 만든다.
2 배양토로 높낮이를 하여 입체감을 준다.
3 식물의 크기(대·중·소), 형태, 색상, 질감을 고려하여 선택한다.
4 원근감을 나타내기 위해 뒤쪽은 작은 식물, 앞쪽은 큰 식물을 심는다.
5 식물을 심기 전에 산·들·평야·계곡 등 표현하고자 하는 자연을 습득한다. 예를 들어, 산을 표현하는 기법으로는 생명토로 산의 형상을 만들고, 강·하천·해변 등은 가는 모래로, 계곡은 굴곡 있는 돌이나 이끼로 표현한다.
6 돌 배치는 가로나 세로로 일직선상에 놓지 않고 부등변 삼각형으로 놓는다.

식물 배치

조화

식물 전체의 형태와 크기와 더불어 잎의 형태·색상·크기·질감을 조화시킨다. 유사 조화는 은은하고, 대비 조화는 선명하고 산뜻하다.

대비

형태의 대비(둥근 것과 긴 것), 크기의 대비(큰 잎과 작은 잎, 넓은 잎과 좁은 잎), 색상의 대비(흰색과 붉은색), 질감의 대비(부드러움과 거칠음)가 있다.

변화

돌, 나무 등 부재료는 일직선상에 놓지 않고 앞뒤가 어긋나게 배치하여 부등변 삼각형 모양으로 구도를 잡아 준다.

통일감

여러 종류를 식재하면 산만하게 보이므로 두세 종류가 적당하고, 다양한 종류를 심을 때는 모아심기를 하면 통일감을 줄 수 있다. 좁은 공간 속에서 여러 개의 요소들이 조화를 이루기 위해서는 통일성을 가져야 한다.

리듬감

크기가 다른 대·중·소 식물을 높낮이를 주어 심으면 리듬감을 줄 수 있다. 3가지 소재의 높이 비율은 4:2:1이 이상적이다.

원근감

부드러운 질감의 연두색 잎은 뒤쪽으로 배치하면 후퇴하는 느낌을 주므로 작은 공간에 식재하는 것이 효과적이고, 거친 질감의 진한 초록색 잎은 앞으로 튀어나오는 느낌을 주므로 큰 공간에 식재하는 것이 좋다.

비율

주主가 되는 식물은 70%, 부副가 되는 식물은 20%, 강조하려는 식물은 10%의 비율로 하는 것이 효과적이다.

미니 정원 연출 노하우

여러 식물을 함께 심을 때는 키가 큰 식물 옆에 작은 식물을 심어 높낮이 변화를 주고, 꽃의 색상은 비슷한 것으로 고르면 정돈된 느낌이 난다. 보색을 활용하면 화사하고 생기가 돈다. 돌이나 이끼로 여백을 살리고 소품을 적절히 배치하면 단조로움을 피할 수 있다.

디시 가든 만들기

밑바닥에 배수층을 만든다.

뒤쪽에 큰 식물을 심는다.

식물 앞에 깨진 도자기를 배치한다.

앞쪽으로 지피식물 등 키 작은 식물들을 배치한다.

아크릴 용기에 나무줄기와 숯과 돌을 곁들인 다육식물 디시가든

꽃과 관엽식물을 이용한 디시가든

알뿌리(수선화)와 지피식물을 이용한 디시가든

야생화를 이용한 디시가든. 피프리스, 애기별, 종이꽃, 풍로초

수생식물과 초화류가 조화를 이룬 디시가든

다육식물 디시가든

도자기 수반에 다육식물을 심은 디시가든

평면도

수경 재배

수경 재배(水耕栽培, Water Culture)는 토양을 전혀 사용하지 않고 물만으로 식물을 재배하여 물재배 또는 무토양 재배라고 한다. 즉, 토양을 사용하지 않고 무기양분이 들어 있는 영양액과 적당한 식물 지지수단을 이용하여 식물을 재배하는 것이다. 단, 물에는 식물이 필요로 하는 무기양분이 골고루 들어 있어야 한다. 흙의 역할을 할 수 있는 다른 재료를 이용하여 식물을 키울 수 있다.

수경 재배(hydroponics)는 그리스어 hydro(물)와 honos(노동)의 합성어로, 물에서 하는 농사 작업을 의미한다. 요즘은 채소 · 허브 · 관엽식물 · 초화류를 이용한 간이 수경 재배 방법으로도 널리 이용되고 있다.

수경 재배의 이점
- 물 주기의 번거로움이 없다.
- 흙을 사용하지 않으므로 깨끗하고 간편하다.
- 실내 습도를 유지할 수 있다.
- 뿌리 생육 상태를 관상할 수 있다.

수경 재배의 종류

공기와 수분을 함유하고 있는 다공질인 하이드로볼 · 적옥토 · 숯 · 바크 등의 다양한

물 재배

숯 재배

수태 재배

하이드로볼 재배

재배법이 있다.

수경 재배에 적절한 식물

초화류
여름에 꽃이 피는 초화류 중에서는 물속에서 생장력이 강해 뿌리가 내려 잘 자라는
콜레우스 · 메리골드 · 코스모스 · 한련화 · 아게라텀 · 임파첸스 · 꽃베고니아 등이
있다.

구근
구근 내에 양분이 많고 꽃눈[花芽]을 가지고 있는 추식 구근으로는 히아신스 · 크로
커스 · 수선화 · 무스카리 · 튤립 · 오르니소가룸 등이 있다.

관엽식물
줄기를 잘라 물속에 넣는 것만으로도 뿌리가 잘 내리며, 음지에 강하고 수분을 좋아
하는 것으로 아글라오네마 · 스킨답서스 · 싱고니움 · 드라세나 · 페페로미아 · 셀럼
· 디펜바키아 · 야자류 · 달개비 · 접란 등이 있다.

채소, 과일
고구마 · 양파 · 토란 · 미나리 · 무 · 아보카도 · 적색콜라비 등이 있다.

다육식물
에케베리아 · 바위솔 · 십이지권 등이 있다.

초화류 – 임파첸스

관엽식물 – 드라세나

채소 – 미나리

다육식물 – 우주목

구근 – 히아신스

수경 재배 관리

물 주기

뿌리가 완전히 잠기면 호흡을 할 수 없으므로 뿌리 길이의 1/3은 공기에 닿도록 공기층을 만든다. 여름에는 물의 온도가 높아지므로 주 1회 갈아 주고, 겨울에는 월 1회 갈아 준다.

광선

강한 광선은 물의 온도를 높여 뿌리를 상하게 하므로 반직사광선에서 재배한다.

온도

20~25℃가 적당하다.

비료

액체비료를 월 1회 2,000배액으로 준다. 단, 심은 뒤 1개월 뒤에 줘야 한다.

번식

식물이 생장하는 시기인 봄~가을에 실시하며, 줄기를 자른 관엽식물은 특히 장마철 고온다습한 환경에서 더 빨리 뿌리를 내린다. 관엽식물을 자를 때는 저녁때가 좋다. 낮에는 광합성 작용에 의해 잎에서 탄수화물을 만들고 저녁이 되면 잎에 저장하는데, 자른 부분을 물속에 넣으면 잎에 있던 탄수화물이 줄기 또는 뿌리로 이동하여 뿌리가 빨리 내린다.

세척

유리 용기에 햇빛이 닿으면 이끼가 생긴다. 직사광선을 좋아하는 식물보다는 반직사광선~약광선에서 자라는 식물을 선택하는 것이 좋다.

수경 재배 시 주의점
- 식물의 뿌리는 물속에서 산소를 흡수하는데, 물이 오래 되면 산소가 희박해지고 이에 따라 물이 부패되어 결국 뿌리가 상하게 된다. 따라서 항상 깨끗한 물로 갈아 주어야 한다.
- 공기층을 만들어서 공기 중의 산소를 뿌리가 직접 빨아들이도록 한다. 뿌리는 물에 1/2 정도 잠기게 한다.

수경 재배 시기와 방법

기온이 높아지면 뿌리가 잘 내린다.

5월과 9월에는 줄기가 부드러운 종류(달개비, 스킨답서스) 등이 적당하다.

6~8월에는 줄기가 딱딱한 종류(코르딜리네, 드라세나) 등이 적당하다.

자를 때는 4~5㎝ 정도의 줄기가 굵고 마디 사이가 짧은 것이 뿌리가 잘 내린다.

관엽식물로 수경 재배 만들기

준비물

자갈, 맥반석, 숯, 시페루스, 워터코인, 유리 용기, 나무젓가락

만들기

1 맥반석, 자갈, 숯을 유리 용기 속에 넣는다.
2 시페루스와 워터코인을 넣고 나무젓가락을 이용하여 뿌리를 사방으로 펼친다.
3 맥반석으로 식물을 고정한다.
4 물을 뿌리 길이의 2/3 정도 채운다.

맥반석의 효능

- 물속 오염 물질과 세균을 흡착 · 분해한다. 냄새를 제거하고 부패 작용을 방지한다.
- 철 · 마그네슘 · 칼슘 등을 용출하여 물속의 미네랄 함량을 높인다.
- 강한 산성, 알칼리성을 약알칼리성으로 변하게 하여 수질을 변화시킨다.
- 산소량 증가, 방부 작용, 세균 억제 작용을 한다.

식물을 지탱하고 장식하는 유리구슬 · 해목(바다에서 건진 나무) · 훈탄 · 하이드로볼
· 자갈 · 모래 · 크리스탈소일 등

식물을 고정하는 크리스탈소일, 유리구슬, 철사　여러 색상의 크리스탈소일을 이용한 작품　유리구슬에 고정한 임파첸스

알뿌리 수경 재배

1 12월쯤 병에 알뿌리를 넣고 8~13℃의 어두운 곳
  에 한 달쯤 둔다. 뿌리가 내릴 때까지는 알뿌리 아
  랫부 분이 물에 닿도록 충분히 물을 준다.
2 뿌리가 자라면 뿌리 끝만 물에 잠기고 밑동은 공
  기가 닿도록 한다.
3 뿌리가 다 자라면 0~5℃(저온 처리)에 두고 1월
  말부터 햇볕이 있는 따뜻한 곳으로 옮긴다.
4 겨울철 따뜻한 창가에 두면 2월경 꽃이 핀다.

개나리 수경 재배

1 2월쯤에 개나리 가지를 10~20cm 길이로 잘라서 철사로 길게 엮는다.
2 엮은 가지로 둥글게 원을 만든다.
3 실내에 2주간 놓아 두면 꽃이 핀다.

소라껍데기에 심은 싱고니움

산세베리아 수경 재배

무늬머위 등 여러 가지 식물을 돌과 함께 이중용기에 구성한 작품

크리스탈소일에 심은 석창포, 시페루스, 워터코인

재료 : 하이드로볼, 숯, 자갈, 다육식물

유리 용기에 아래에서부터 숯, 하이드로볼, 자갈을 넣는다.

우주목 등의 다육식물을 심는다.

깨진 도자기를 붙여 만든 용기에 바위솔을 심고, 등심붓꽃과 워터코인을 이용한 작품. 아래 용기는 수생식물, 위 용기는 다육식물

물토란을 색돌로 고정한 수경 재배

무를 잘라 속을 파내 말린 뒤 물을 넣으면 잎이 다시 나온다.

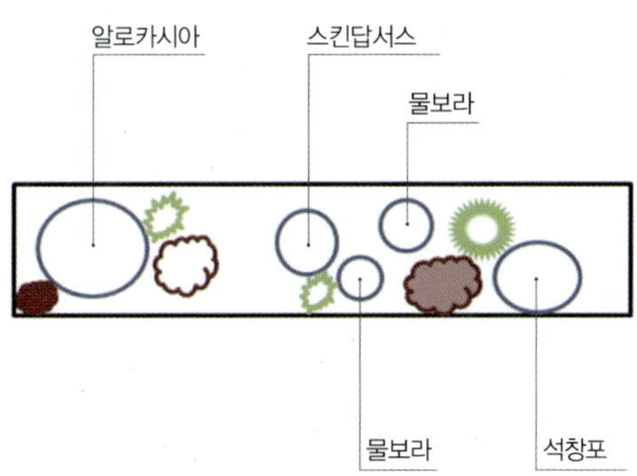
행운목과 워터코인을 이용한 수경 재배

평면도

암석정원

암석정원(Rock Garden)은 고산지대의 추위, 강풍, 직사광선 등 악조건 속에서 자생하는 고산식물과 암석을 조화 있게 배치한 정원을 말한다. 구상나무·만병초·산진달래·노간주나무 등의 관목은 키가 작고 생장이 느리며, 여러해살이인 곰취·바람꽃·비로용담·패랭이·동자꽃 등의 초본식물은 발아와 개화기간이 짧다. 또 바위솔·돌나물·섬기린초 등의 다육식물은 잎과 줄기가 다육질 구조로 되어 있어 수분을 충분히 저장하여 건조한 환경에 잘 적응한다.

암석정원의 종류

돌의 형태에 따라 자연형·인공형·평지형·경사형으로 나눈다. 암석정원을 조성하는 방법은 다양한데, 축대를 쌓듯이 단을 만들어 조성하는 방법과 산이나 들에 자연석이 모여 있는 것처럼 자연스럽게 배치하는 방법이 대표적이다.

자연형
바위가 많은 자연 지형의 돌을 그대로 옮겨와서 토양 조건에 알맞은 식물을 선택하여 식재하는 방법이다.

인공형
자연 상태에서 채취한 석회석 자갈과 같은 암석을 사용하거나, 시멘트·피트모스·부엽토·모래를 섞어 만드는 다공질의 석회를 사용하거나 또는 인위적으로 돌을 쌓고 여러 종류의 토양을 배합하여 만든 배양토에 알맞은 식물을 선택하여 식재하는 방법이다.

평지형
평지를 이용해 인공적으로 돌을 쌓아 식물을 식재하는 것으로, 작업이 간단하다.

경사형
계곡형이라고 하며 흐르는 물을 이용하여 식재하는 방법이다.

암석정원의 구성 요소

암석

암석은 수분 흡수가 잘되고 가볍고 예술성이 나타나는 거친 질감의 돌이 좋다. 암석은 예술성을 나타내는 주主요소가 되며 식물은 그 예술성을 보조하는 부副요소가 된다. 그러므로 식물은 평지보다 경사면에서 암석 주변에 자라나는 것이 많으므로 암석의 선택과 배치가 중요하다. 또 암석은 모양과 크기가 서로 다른 것이 좋고 윗면이 평평한 것은 디딤용으로, 면이 뾰족한 것은 경사면을 만드는 데 사용한다.

호박돌
물가에 있는 둥글게 생긴 돌이다.

현무암
화산암의 일종으로, 검은색 또는 흰색을 띠고 기둥 모양이 많다.

판석
너비에 비해 두께가 얇은 돌, 주로 바닥이나 도로를 까는 데 쓰인다. 판석을 사선으로 배치하여 변화를 준다.

고산식물을 이용한 암석정원

식물

생육 기간이 짧고 봄부터 초여름에 개화하며 상록성이 많다. 여름철에는 서늘하고 겨울철에는 눈으로 덮이는 고산 지대를 견뎌 내는 식물들답게 추위와 건조에 강하다. 수분 증발량을 최대한 억제하고 강한 바람과 추위를 이겨내기 위해 기공 주변에 거미줄 같은 털이 많고, 작으며, 땅 위를 덮으며 자라는 형태적 특징을 갖는다.

고산형 식물

왜성침엽수 · 왜성관목류 · 왜성구근류 · 숙근류

습지형 식물

습한 환경에서 자라며, 프리뮬러 · 해오라기사초 · 시페루스 · 꽃창포 · 석창포 · 옥잠화 등이 있다.

사막형 식물

잎과 줄기가 다육질로 되어 있어 건조한 환경에 적응해 살아가는 식물로, 바위솔 · 돌나물 · 꿩의 비름 · 섬기린초 등이 있다.

흙

좋은 토양이란 배수력과 보습력이 있는 토양이다. 완만한 언덕이나 작은 동산의 분위기가 되도록 지반을 높게 조성하면 배수가 잘된다.

토양의 종류

마사토, 피트모스, 부엽토, 펄라이트, 수태, 게토토 또는 생명토, 적옥토 등이 있다.

마사토

반드시 씻어서 사용한다. 간수할 때마다 고운 흙가루가 화분 밑에 쌓여 콘크리트처럼 굳어져 배수되지 않고 통기성이 없어 뿌리 발달을 저해한다.

적옥토

퇴적토에서 나와 유기질이 다량 함유되어 있다. 천천히 흙가루로 변하여 영양분을 흡수하고 뿌리 활착이 잘된다.

게토토

갈대 등의 물가 식물이 썩어 축적된 것이 오랜 세월 동안 흙처럼 된 것이다.

배합

일반 토양 암석정원(마사토 : 피트모스 : 부엽토 = 3 : 1 : 1)

보습력과 배수력이 있는 토양에 생육 가능한 식물은 산진달래 · 구상나무 · 노간주나무 · 마타리 · 두메오이풀 · 고산성 용담류 · 바위구절초 · 솜다리 등이 있다.

산성 토양 암석정원(마사토 : 피트모스 : 부엽토 = 2 : 2 : 1)

산성 토양에 적합한 식물은 만병초 · 가솔송 · 설앵초 · 끈끈이주걱 등이 있다.

알칼리성 토양 암석정원(마사토 : 부엽토 : 펄라이트 = 2 : 1 : 0.5)

석회암 자갈이 있는 알칼리성 토양에 생육 가능한 식물은 꿩의비름 · 돌나물 · 바위솔 · 고산바위취 등이 있다.

습지성 산성 토양 암석정원(마사토 : 피트모스 : 수태 = 1 : 2 : 1)

산성 토양 중 고산 습지에 생육 가능한 식물은 해오라기난초 · 사초, · 프리뮬러 등이 있다.

부엽성 토양 암석정원(마사토 : 피트모스 : 부엽토 = 1 : 1 : 1)

보습력과 유기질이 함유된 토양에 적합한 식물은 산부채 · 제비붓꽃 · 금매화 등이 있다.

암석정원 만들기

암석정원을 만들 때의 포인트는 돌의 크기와 질감에 따라 적절히 배치하여 자연스러운 리듬감과 원근감 및 공간미를 최대한 살리는 것이다. 큰 돌을 먼저 배치하고 아래에서 위로 쌓아 올리면서 마사토와 적옥토 등을 이용해 능선을 표현하거나 계곡의 물 흐름을 연출한다.

돌의 배치

- 돌의 크기에 따라 주석主石, 종석從石, 부석副石으로 나누어 부등변 삼각형으로 배치한다.
- 부석(작은 돌)은 뒤쪽에 배치하여 원근감을 준다.
- 돌을 10개 미만으로 사용할 때는 홀수(1, 3, 5개) 배치한다.
- 같은 질감의 돌을 조화시켜야 자연스럽다. (예: 산돌, 강돌, 바닷돌)
- 돌은 굴곡이 있는 선, 능선, 주름 선이 있다.
- 다양한 선線 중에서 주선主線이 직선이면 억압감, 사선이면 활동감, 행선이면 안정감을 준다.
- 요철이 없는 돌은 변화와 리듬감이 없으므로 굴곡이 있는 돌을 선택한다.
- 돌은 둔탁한 면과 예리한 면이 있다. 예리한 방향 앞쪽으로 공간미를 만든다.
- 돌의 형태, 색상, 질감을 여러 각도에서 살펴보면서 정면을 찾는다.
- 돌은 가로 또는 세로로 일직선상에 배치하지 않고 지그재그로 배치한다.

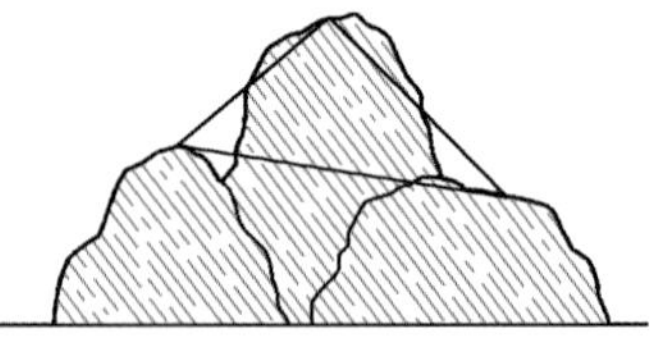

3개의 돌을 배치

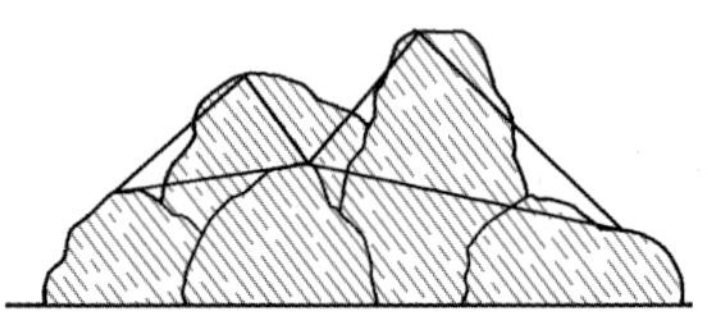

5개의 돌을 배치

좋은 예 : 부등변 삼각형으로 배치

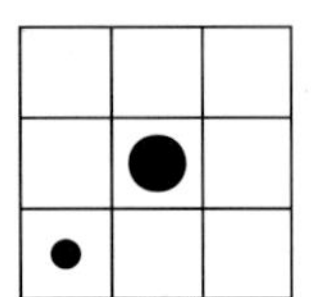 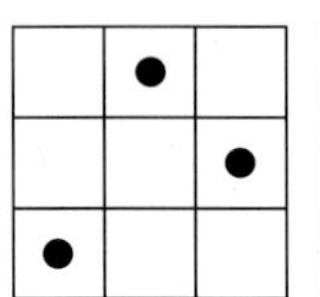 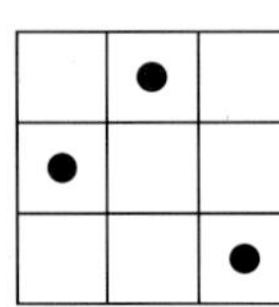

나쁜 예 : 가로, 세로, 사선으로 배치

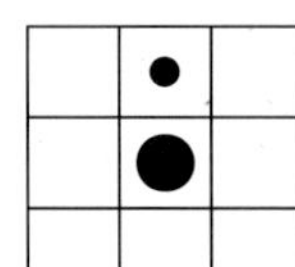 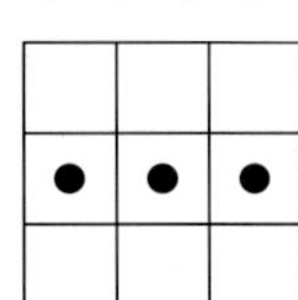 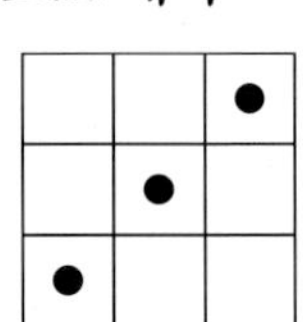

돌 묻기

지표면에 지나치게 낮게 고정하면 불안정하다.

좋은 예

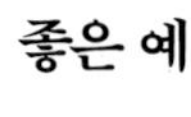 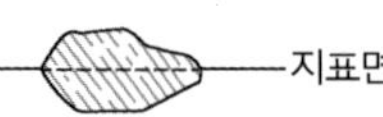

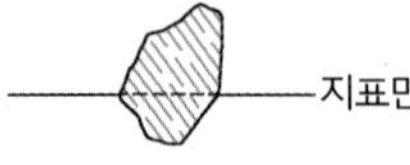

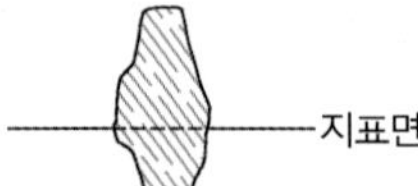

나쁜 예

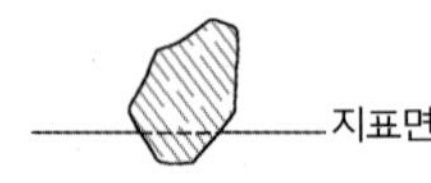

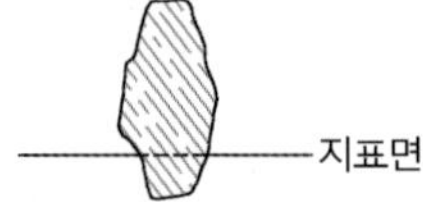

식물 배치

- 주主가 되는 돌은 식물과 가까이 배치하고 나머지 2개의 돌은 그 중심점이 부등변 삼각형이 되도록 배치한다.
- 돌과 식물을 지나치게 멀리 배치하면 힘의 균형과 안정감이 없다.
- 돌을 뿌리 가까이에 앉힐 경우 끝이 다소 뒤쪽으로 향하도록 하여 원근감을 살린다.
- 굴곡이 많이 들어간 부분에는 식재하지 않는다.
- 돌의 뒤쪽에는 작은 식물을, 앞쪽에는 큰 식물을 심으면 원근감이 생긴다.

시기

3~6월, 9~10월

장소

뿌리가 건조하지 않도록 햇빛과 바람이 직접 닿지 않는 곳에서 작업한다.

관리

식재한 뒤 일주일가량 그늘진 곳에 두고 물을 자주 스프레이하여 공중 습도를 유지한다.

돌 사이에 단정화 식재

판석 위에 돌을 배치한 후 향나무 식재

미니 암석정원 만들기

재료

삼나무, 보로니아Boronia, 아주가, 누운주름, 알리삼, 풍로초, 토양(부엽토·마사토·적옥토), 풍경석

과정

1 용기 밑바닥에 마사토를 깐다.
2 크기가 다른 돌을 높낮이 있게 배치한다. 이때 부등변삼각형 구도를 이룬다.
3 삼나무를 중심목으로 하여 뒤쪽으로 심는다.
4 삼나무 대각선 방향으로 보로니아를 심는다. 삼나무와 보로니아가 부등변 삼각형 구도를 이루는 지점에 풍로초를 심는다.
5 돌 사이에 아주가·알리삼·누운주름을 심는다.
6 식물 사이사이에 마사토를 깔아 준다.

암석정원용 돌 붙이기

석재용 접착제를 준비한다.

접착제를 돌에 바른다.

돌과 돌을 붙인다.

돌에 심은 부처손

해구석과 야생화

돌틈 사이에 다육식물과 패랭이를 심은 암석정원

돌과 이끼가 조화를 이룬 암석정원

잔디밭 가운데 조성한 암석정원

자연석과 지피식물을 이용한 암석정원

별 형태의 돌에 식재한 다육식물

돌 확에 다양한 식물과 돌을 배치

향나무를 중심으로 다양한 식물군을 배치한 암석정원

평면도

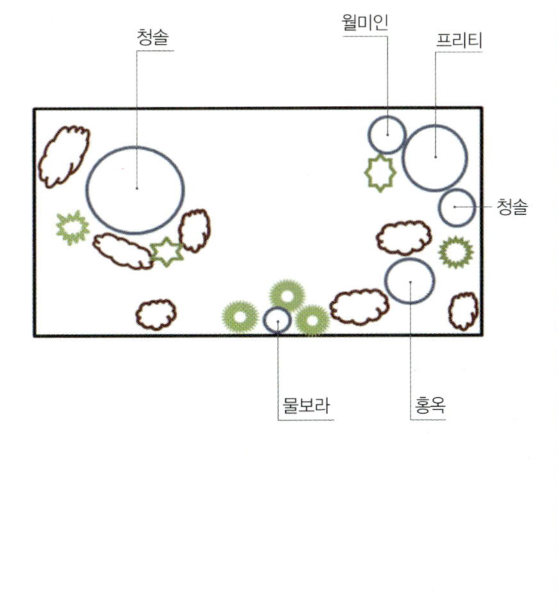

허브류

스트레스 해소에 도움 된다. 라벤더가 있다.

수경식물

겨울철 건조한 실내에 습도를 유지해 준다. 싱고니움이 대표적이다.

엽채류

여러 개의 블록 형태의 용기 안에 심어 액자에 넣고 주방 싱크대 위에 장식 가능하다.

공중식물

흙이 필요없다. 틸란드시아가 있다.

액자정원의 관리

물 주기

물 주기는 토양의 표면이 마르면 준다. 식재할 공간이 깊지 않고 얕아서 쉽게 마르므로 물 주기에 특히 신경 쓰고, 매일 스프레이를 해 주는 것이 좋다. 잎이 얇거나 뿌리가 가는 식물(푸밀라)보다는 잎이 두껍고 뿌리가 굵은 식물(호야)을 식재하면 수분이 쉽게 마르지 않아 물 주는 횟수를 줄일 수 있어 관리하기가 쉽다.

광선

액자 속에 식물을 심을 경우 햇빛을 고려해서 심어야 한다. 예를 들면, 창가와 베란다에는 한해살이풀·구근류·다육식물·허브·엽채류가, 반직사광선에서는 식충식물·난 등이 적당하다. 관엽식물 중 꽃이 피는 클레로덴드룸·스파티필름, 잎에 색상이 있는 크로톤·호야 등은 반직사광선이 적당하다. 반면 고사리 종류인 아비스·후마타·싱고니움·필로덴드론 등은 음지에 강하다. 그러나 장소가 제한될 경우에는 식물 육성 형광등인 인공광을 설치하여 재배한다.

토양

냄새가 나지 않고 가볍고 균이 없고 통기성이 좋은 숯·맥반석·왕겨·피트모스·펄라이트 등이 적당하다.

병충해

실내는 고온건조하기 때문에 깍지벌레 · 응애 · 진딧물 · 온실가루이 등의 병충해가
발생한다. 창문을 열어 환기를 해 주거나 수시로 분무하여 건조하지 않도록 한다.

액자정원 만들기

재료

틸란드시아 시아네아, 호접란, 아이비, 소엽풍란, 헤고, 철사, 수태

과정

1 헤고를 적당한 크기로 잘라 액자 속에 고정한다.
2 호접란은 수태로 고정한 뒤 액자 속에 넣는다.
3 틸란드시아 시아네아는 흙을 반 정도 털어 낸 뒤 수태로 싸서 철사로 감아 준다.
4 3을 액자 속에 넣는다.
5 아이비는 수태로 고정한 뒤 액자 속에 넣는다.
6 늘어진 아이비 줄기는 U자 모양으로 구부린 철사를 이용하여 헤고를 가려 주듯
　모양내며 고정한다.

액자정원의 디자인

액자정원의 배경을 만드는 방법

- 액자 안쪽에 다양한 소재를 활용하여 꾸밀 수 있다.
- 숯을 붙이면 실내 공기 정화 효과가 있다.
- 모래나 자갈 등을 붙이면 자연미가 있고 친환경적이다.
- 유화 물감을 이용하여 그림을 그릴 수 있다.

우유팩을 이용한 액자정원

재료

우유팩 3개, 피토니아, 레드스타, 아이비, 헤고, 철사, 수태

과정

1 깨끗한 우유팩 3개를 알맞은 높이로 자른다.
2 액자에 우유팩을 넣는다.
3 피토니아 레드스타, 아이비 뿌리를 수태로 감싸 우유팩 안에 넣는다.

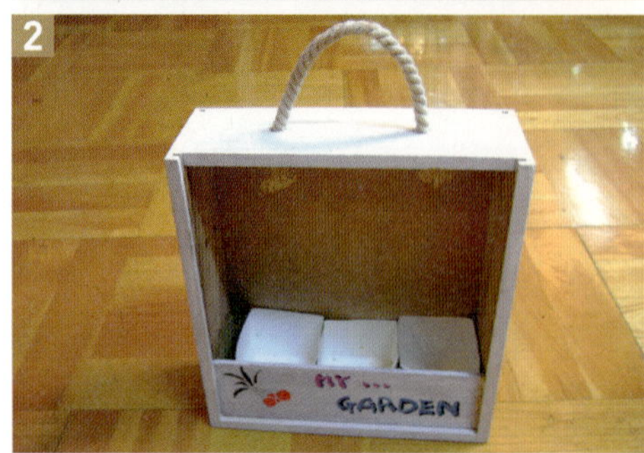

이젤을 이용하여 헤고에 대엽풍란을 붙인 액자 정원

액자 뒷면에 유화 물감으로 깊은 산속을 표현한 액자 정원

베니어판에 구멍을 뚫어 만든 작품

사각 나무틀 안에 공중식물을 낚시줄을 걸어 만든 작품

액자정원

액자정원

평면도

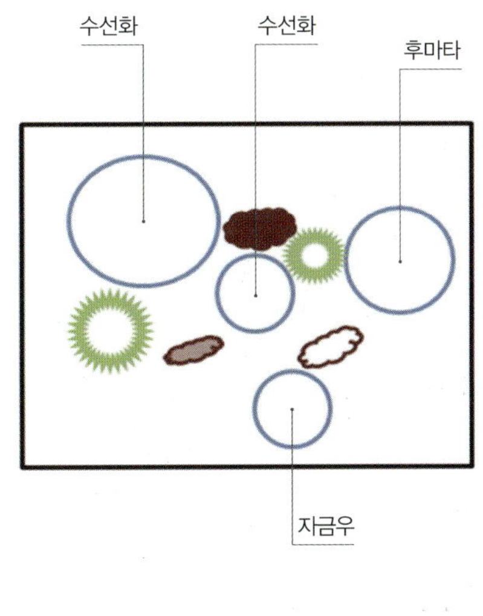

공중걸이 정원 

공중걸이 정원(Hanging Basket)이란 꽃, 잎, 줄기 등이 덩굴성·반덩굴성으로 옆으로 뻗거나 길게 늘어지는 식물들을 이용하여 실내·외 공간인 창문, 벽, 천장, 울타리, 담 등에 걸거나 매달아 장식하는 입체적인 공간장식법이다.

공중걸이 정원 이점
- 좁은 공간을 입체적으로 활용할 수 있다.
- 지저분한 곳, 불필요한 곳을 가려 주는 차폐 효과가 있다.
- 공간의 높이와 색깔을 자유롭게 연출할 수 있다.
- 바닥에 놓인 가구와 조화를 이룰 수 있다.

공중걸이 정원의 배치 장소
- 실내 : 벽면, 창문, 천장, 기둥.
- 실외 : 가로등, 울타리, 담, 대문 주변, 현관 입구 등.

표 3-13 공중걸이 정원에 이용되는 식물

	실외(직사광선)	실내(반직사광선)
관엽식물	호야, 마삭줄, 만다빌라 산드라, 콜레우스, 아이비 등	접란, 네프로레피스, 싱고니움, 헤데라, 스킨다브셔스, 달개비, 박쥐란, 산호수, 아스파라거스, 필로덴드론 등
꽃	제라늄, 비올라, 페튜니아, 수선화, 게발선인장, 팬지, 메리골드, 크로커스 등	꽃베고니아, 임파첸스, 일일초, 네마탄셔스, 클레로덴드론, 후쿠시아, 재스민 등

걸이 화분을 이용한 공중걸이 정원

한련화 공중걸이

공중걸이 정원 관리

물 주기

공중에 매단 식물은 쉽게 건조해지므로 흙이 마르면 물을 충분히 준다. 철망에 수태를 넣어 만든 용기는 자칫 물이 그대로 빠져나갈 수 있으므로 주의한다. 수태는 한 번 건조해지면 물을 흡수하기 어려우므로 충분히 물을 흡수한 뒤 걸어 놓는다.

여름에는 물을 줄 때는 하루에 한 번 해질 무렵 또는 그 이후에 주는 것이 좋다. 아침이나 낮에는 햇빛이 바로 수태에 닿아 표면의 수분이 마르지만, 저녁에는 식물이 수분을 충분히 흡수한다. 물을 줄 때는 물뿌리개로 뿜어 주어야 수태 속까지 충분히 스며든다.

광선

꽃이 피는 종류는 직사광선, 잎을 보는 종류는 반직사광선에서 관리한다.

온도

15~30℃가 적당하다. 한여름 기온이 30℃ 이상일 때는 그늘에 걸어둔다.

토양

공중에서 무게를 지탱해야 하므로 가볍고 보습성과 배수성이 있는 토양이 좋다. 버미큘라이트 · 피트모스 · 수태 · 펄라이트 · 숯 · 하이드로볼 등이 있다. 토양은 용기에 가득 채우지 않고 2~3㎝ 아래까지만 채워서 물 공간을 만들어 준다.

비료

비료는 물을 줄 때 함께 빠져나가 버린다. 특히 꽃이 피는 종류는 비료가 많이 필요하므로 액체 비료는 주 1회, 알 비료는 월 1회 준다.

통풍

바람이 강하면 식물체가 상하므로 바람을 피할 수 있는 장소에 둔다. 잎이 넓고 얇은 식물은 강한 바람에 약하다. 또한 환기가 되지 않으면 식물체가 뭉그러진다.

> **Tip 수태 재사용하기**
>
> 사용한 수태나 오래된 수태는 탄력이 없어 공중걸이에 사용하기 어렵다. 그러나 토양과 섞어 쓰면 보수력을 유지시켜 주므로 깨끗이 씻어서 건조시킨 뒤에 다시 사용한다. 또한 여름철 화분 위에 올려 두면 햇빛으로부터 뿌리를 보호할 수 있다.

공중걸이 정원 만들기

식물

꽃은 한 종류만 심는 것보다 녹색 잎과 함께 혼합하여 심으면 꽃이 더욱 돋보인다.
페튜니아 · 아이비 등이 있다.

생육 조건이 같은 식물들을 모아 심는다. 잎의 색상이나 형태가 다른 것을 모아 심
으면 화려해 보인다.

계절별 식물

5~10월

식물이 잘 자랄 수 있는 계절이므로 꽃피는 기간이 길고 꽃이 크고 많이 피는 종류
인 페튜니아 · 메리골드 · 제라늄 · 임파첸스 등을 심으면 좋다.

봄

계절감을 느끼게 하는 작은 구근류, 프리뮬러 · 팬지 · 비올라 등을 심는다.

용기

용기는 가볍고 썩지 않는 재질로, 철망 · 페트병 · 철제 또는 플라스틱 바구니 · 그물
망 등을 이용할 수 있다. 용기를 공중에 걸 때는 낚싯줄 · 끈 · 철사 등을 이용한다.

용기가 작으면 건조해지기 쉬우므로 물을 자주 주어야 한다. 잎이 두꺼운 식물을
심으면 건조에 강하기 때문에 관리하기 편하다.

마차 바퀴를 이용한 공중걸이 정원

페튜니아, 아이비를 이용한 공중걸이

풍선초를 이용한 공중걸이 정원

상점 입구에 입체감을 준 공중걸이 정원

가로등에 걸인 한해살이풀 공중걸이 정원

나무껍질에 붙인 소엽풍란

수태로 다육식물을 감싸서 헤고에 철사로 고정한 공중걸이

소라 껍데기에 심은 공중식물 정원

틸란드시아를 이용한 공중걸이 정원

아쿠아리움 

아쿠아리움Aquarium이란 라틴어의 Aqua(water)와 arium(home)의 합성어로 투명한 유리 용기에 수초와 물고기를 키우는 물속 정원이다.

아쿠아리움의 이점

- 물이 증발하면서 건조한 실내에 습도를 유지해 준다.
- 아이들이 수초와 물고기를 관찰할 수 있는 자연학습장 역할을 한다.
- 정서생활에 도움이 된다.
- 실내 장식 효과가 있다.
- 물고기의 움직임이 있는 동적인 정원이다.

아쿠아리움에 적합한 식물

일반 식물은 뿌리에서 수분과 양분을 흡수하지만, 아쿠아 플랜트(수초)는 뿌리와 잎에서 양분을 흡수하고, 잎에서 수분을 흡수한다. 식물은 물고기의 산란 장소를 제공하고 이끼류의 번식을 막는다.

식물은 물에 잠기는 침수형 식물을 사용한다. 물수세미 · 붕어마름 · 나사말 등이 있다. 또 물에 잠길 수 있는 관엽식물로는 스파티필름 · 아글로네마 · 스킨답서스 · 리시마키아 · 싱고니움 · 석창포 · 애란(왜란) · 맥문동 · 산세베리아 등이 있다.

관엽식물과 색돌을 이용한 아쿠아리움

아쿠아리움 관리

물 주기

- 수온은 20℃가 적당하다. 찬물은 수초와 물고기에게 치명적이다.
- 물을 갈지 않으면 녹조가 심해지고, 그로 인해 물속 산소가 부족해져 물고기가 살기 어렵다.
- 용기 속의 물은 오래 되면 물이 흐려지고 이끼가 생긴다. 특히 여름에는 수온까지 상승하므로 일주일에 한 번, 겨울에는 이주일에 한 번씩 물을 갈아 준다.
- 물을 갈아 산소 공급을 해 줌으로써 물고기는 호흡을 할 수 있고, 식물은 뿌리 활착이 빨라진다. 물고기 배설물은 아쿠아볼에 의해 분해되어 맑은 물로 바뀐다.
- 수돗물은 하루 정도 받아 두었다가 사용해야 염소가 휘발되고 적정 수온을 맞출 수 있다.

광선

- 직사광선은 수온 상승을 가져와 잎이 타므로 반직사광선에 놓는다.
- 물 위에 부유식물(개구리밥, 물상추 등)이 떠 있으면 용기 속까지 강한 빛이 닿지 않아 수온 상승과 이끼 발생을 막을 수 있다.
- 부유식물은 수면의 1/3 정도가 덮이는 것이 좋다.
- 햇빛이 강한 창가에 두면 유리면에 이끼류가 번식하므로 용기 내부를 스펀지로 자주 닦아 준다.

용토

맥반석, 아쿠아볼, 마사토, 색돌, 하이드로볼, 유목流木, 장식돌 등이 있다.

맥반석

신비의 자연석으로 희귀 원소인 게르마늄 등을 포함하여 아연·망간 등 45종의 미네랄을 함유하고 있다. 1㎠당 3만여 다공질(多孔質)로 되어 있어 중금속·세균·냄새 등 각종 유해 물질을 흡착 분해한다. 물의 정화 기능도 있다.

이중 용기를 이용해 공중 습도를 높인 아쿠아리움. 식물은 아디안텀, 아이비, 필로덴드론, 왜란

잎 제거

상처 난 잎과 시든 잎은 물을 더럽히므로 즉시 제거한다.

아쿠아리움 만들기

싱고니움 아쿠아리움

재료

필로덴드론, 싱고니움, 석창포, 맥문동(시중명: 애란), 용토(토분, 암면, 맥반석, 마사토)

※ **암면**岩綿, rock wool : 현무암을 1,600°C에서 용해시킨 다음 섬유처럼 가늘게 뽑아 내서 만든 것이다. 보수력과 통기성이 좋다. 비료 성분은 전혀 없다.

과정

1 모든 식물은 뿌리의 흙을 털어 낸 뒤 물로 깨끗이 씻는다. 겨울에는 미지근한 물을 사용한다.

2 깨끗이 씻은 마사토와 맥반석을 용기 밑바닥에 깐다.

3 애란 뿌리를 암면에 싸서 토분에 넣는다.

4 석창포와 필로덴드론을 마사토에 고정한다.

5 애란을 심은 토분을 용기 속에 넣는다.

6 물을 채울 때에는 물을 유리벽에 따라 흐르게 천천히 넣어 준다.

아쿠아리움 작품

시페루스를 이용한 아쿠아리움

재료

시페루스, 피토니아 핑크스타, 석창포, 맥반석, 유리 용기, 말채

과정

1 말채로 식물을 고정하는 타원형 구조물을 만든다.
2 용기 안에 타원형의 말채를 넣는다.
3 용기 밑바닥에 맥반석을 넣는다.
4 타원형 말채 안에 시페루스, 피토니아 핑크스타, 석창포를 움직이지 않도록 집어 넣는다.
5 물을 용기 중간 높이까지 부어 준다.

여러 색상의 자갈에 물수세미와 석창포를 심은 아쿠아리움

시원한 색감의 자갈을 이용한 아쿠아리움

토분에 심은 아글라오네마

평면도

작품의 종류

돌을 이용한 작품 – 석부작

돌에 식물을 붙여 만드는 것이다. 돌에 식물을 붙여 꾸밀 때는 돌과 식물 간의 조화가 있어야 한다. 돌의 곡선을 살리는 것이 중요하며, 돌의 굴곡진 모양이 아름다우면서 운치가 있고, 표면이 미끄럽지 않고 물을 잘 흡수하는 것을 고른다. 이때 곡선이 아름다운 부분에는 식물을 심지 않고, 돌에 비해 식물이 지나치게 크지 않도록 관리한다. 현무암 · 화강암 · 석회암 · 해구석 등에 식물을 심거나 붙여서 산 · 바다 · 강 · 섬 · 계곡 등의 자연을 연출한다.

나무를 이용한 작품 – 목부작

나무에 식물을 붙여 꾸민 것이다. 향나무 · 주목 · 밤나무 · 소나무 · 참나무 등 말라 죽은 가지나 썩은 뿌리를 오랫동안 비를 맞힌 뒤 깨끗이 씻어서 불에 굽거나 다듬어 가공한 것을 쓴다. 가공하지 않은 나무는 잘 썩으므로 피한다. 단, 바다에서 건진 해목은 가공하지 않아도 된다.

목부작용 나무는 굴곡이나 요철, 구멍이 있는 것, 잘 썩지 않는 단단한 것이 좋다. 비자나무 · 굴참나무 · 감나무 등 코르크층이 두껍고 잘 썩지 않는 나무를 선택한다.

돌에 붙인 돌단풍

나무에 붙인 후마타

　　목부작은 크기와 형태에 따라 뜰이나 실내에 조형물 역할도 하지만, 벽걸이 등 실내 장식용으로 이용한다. 식물을 고정할 때는 뿌리가 긴 식물(풍란)은 위쪽으로 붙여 아래로 내려가게 하고, 덩굴로 올라가는 식물(마삭줄·줄사철·콩짜개난)은 아래쪽으로 붙여 위로 올라가게 한다.

기와를 이용한 작품 – 와부작

기왓장에 식물을 심어 연출한 것으로, 기와에 뿌리를 잘 내리는 착생 식물을 이용하는 것이 효과적이다. 착생식물이 아닌 식물은 이끼·생명토·실 등으로 고정해서 모양을 만든다. 기와는 통기성 및 배수성이 좋아 식물을 재배하기에 알맞다. 기와 안쪽과 바깥쪽 모두 이용할 수 있으며, 세우거나 눕힐 수 있어 다양한 연출이 가능하다.

헤고를 이용한 작품 – 헤고작

헤고작이란 헤고Hego에 착생식물을 붙여 만드는 작품이다. '헤고'란 고사리목 헤고과 헤고속의 시아테아Cyathea를 말하는 것으로, 열대와 아열대가 원산지이며, 상록성 목본 양치류이다. 뿌리 줄기는 흑갈색으로 갈라지지 않고 곧게 자라며 기근은 지름 2mm 정도이며 촘촘하고 두껍다. 높이는 4m에 달한다. 고온다습한 환경을 좋아하여 삼림이나 계곡에서 자생한다. 헤고나무 둥치를 잘라서 만든 헤고판은 보습성이 뛰어나 착생식물들을 붙여서 기르는 데 이용한다.

시아테아

숯에 붙인 야생화를 기와에 얹은 작품

헤고에 소엽풍란, 콩짜개, 후마타

숯을 이용한 작품

숯에 착생하는 식물을 고정하여 뿌리를 내리게 하는 방법과 건조한 환경에서 잘 자라는 식물을 숯과 조화 있게 배치하는 방법이다. 숯은 공기 정화 및 습도 유지 기능이 있어 장마철(습도 높은 계절)에 숯부작을 놓으면 쾌적한 실내 환경을 만들 수 있다.

숯의 기능

참숯은 조직이 치밀하고 탄소량이 많은 참나무를 태운 것으로, 탄소 85%, 수분 10%, 각종 미네랄 3%, 휘발 성분 2%로 구성되어 있다. 숯의 표면적은 1g당 $200\sim400m^2$이며 미세한 구멍이 있어 흡입력이 강하다.

표 3-14 숯의 기능

원인	증상
제습 기능	습한 곳에 두면 미세한 구멍이 습기를 빨아들인다.
가습 기능	따뜻한 물을 부으면 많은 습기를 내뿜는다.
흡착 기능	미세먼지와 냄새를 제거하여 공기를 청결하게 한다.
물 정화 기능	물의 이물질 등 미생물의 번식을 막는다.
방부 기능	쌀통에 함께 넣으면 벌레가 생기지 않는다.
공기 정화 기능	탄소 성분이 방출하는 음이온은 공기 중 오염 물질을 제거하여 공기를 맑게 한다.
토양 정화 기능	사질 토양(모래)에 넣으면 보수성과 보비성을 높이고, 점질 토양(진흙)에 넣으면 통기성과 배수성을 높인다.
전자파 차단 기능	전기제품 주위에 놓으면 전자파 발생을 억제한다.

숯부작

숯에 붙인 풍란과 다육식물

적합한 식물

석곡·풍란 등 착생란, 건조에 강한 다육식물, 대기 중의 양분과 수분을 흡수하는 공기식물, 마삭줄·석창포·돌단풍·콩짜개·상록 고사리류 등이 알맞다. 식물은 실리콘·철사·실·본드·순간접착제·U자형 못·생명토 등을 이용해 돌·나무·기와·숯 등에 고정한다.

　작품이 완성되면 물을 충분히 준 뒤 4~5일 정도 그늘에서 두었다가 반직사광선으로 옮긴다. 또한 공중 습도가 낮으면 뿌리가 마르므로 돌·나무·기와 등에 완전히 뿌리가 내릴 때까지 스프레이해 주는 것이 좋다.

대엽풍란

바위나 나무에 뿌리를 내리고 사는 착생란으로, 목부작·석부작·와부작 등에 가장 많이 이용되는 식물이다. 여름철에 향기 나는 순백색 꽃이 피는데, 이때는 실내나 바람이 잘 통하는 그늘에서 키우는 것이 좋다. 건조에 강하지만 여름에는 물을 충분히 주고, 겨울에 건조하게 키우는 것이 좋다. 봄과 가을에는 직사광선, 여름에는 바람이 잘 통하는 반직사광선에서 관리한다. 꽃이 피는 여름에는 실내나 나무 그늘에서 잘 자란다. 공중 습도는 50~60%가 적당하며, 봄과 가을에 월 2회 액비를 준다.

대엽풍란, 소엽풍란을 이용한 석부작

카틀레아, 소엽풍란, 대엽풍란

석부작 만들기

재료

현무암, 생명토, 철쭉, 비단이끼, 가위, 숟가락, 핀셋

과정

1 현무암, 생명토, 철쭉, 비단이끼, 가위, 숟가락을 준비한다.

2 철쭉의 긴 뿌리는 잘라 준다.

3 생명토 속에 철쭉 뿌리를 집어 넣는다.

4 구멍 뚫린 현무암에 철쭉을 심고 비단이끼를 덮어 준다.

5 핀셋으로 비단이끼를 누른 뒤 구리 철사를 U핀으로 만들어 고정한다.

※ 생명토란 분재나 석부작 등에 사용하기 위해 특수 제작한 토양이
   다. 수분을 오랫동안 유지하며 접착력을 지니고 있어서 식물 생
   장과 뿌리 활착에 도움이 된다. 

주의

여름철 돌이 뜨거워지는 한낮에 물을 주면 뿌리가 상한다. 또 잎에 물을 주면 물방울
이 렌즈 역할을 하여 잎에 반점이 생긴다.

목부작 만들기

재료

나무껍질, 소라, 꽃기린, 러브체인, 다육식물, 수태, 치킨와이어

과정

1 형태를 만든 베니어판 위에 나무껍질을 붙인다.

2 치킨와이어에 수태를 넣어 앞에서 뒤로 통과시켜 고정한다.

3 2에 소라와 다육식물을 조화 있게 심는다.

숲부작 만들기

재료

대나무숯, 수반, 만데빌라, 비단이끼, 자갈

과정

1 수반에 크기가 다른 숯을 배치한다.

2 숯 속에 만데빌라를 심는다.

3 수반 위에 비단이끼를 덮는다.

4 수반 위에 자갈을 넣고 물을 가득 채운다.

익소라, 테이블야자, 오렌지스타, 마삭줄을 이용한 숯부작

다육식물을 이용한 목부작

와송을 심은 석부작

꿩의비름, 바위솔을 이용한 와부작

평면도

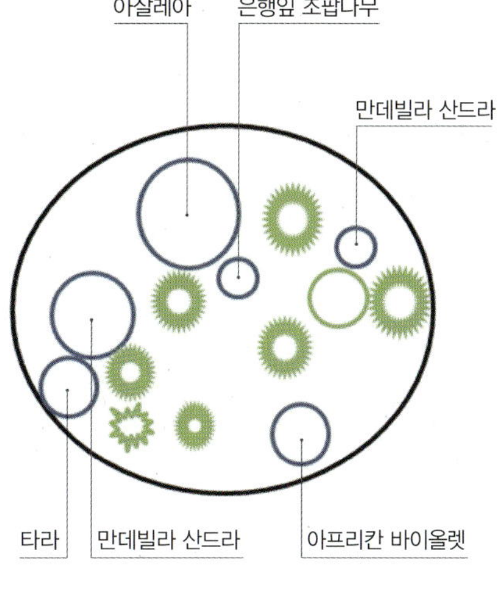

돌 사이에 다양한 식물을 식재

토피어리

토피어리Topiary는 라틴어의 'topia(가다듬다)'가 어원으로, 고대 로마 시대의 귀족의 정원에서 시작하여 식물 다듬기의 한 방법으로 전해 내려온 것이다. 조경의 한 분야에서 출발하여 오늘날 실내외 인테리어는 물론, 누구나 즐길 수 있는 새로운 취미생활의 한 분야로 자리 잡았다.

식물의 모양을 다듬고 자르며 수태와 와이어를 이용하여 장식적·기하학적으로 모양을 만드는 하나의 예술이라고도 볼 수 있다. 1세기 초에는 정원에 포인트를 주기 위해 기둥·원뿔·경계수의 형태로 시작되었고, 17~18세기에 영국에서 성행했다. 거리의 쥐똥나무 울타리, 동물 모형으로 표현한 정원수 등은 토피어리를 응용한 대표적인 예이다. 이와 같이 서양에서 발전한 토피어리와 달리 동양에서는 소나무 분재, 국화 분재와 같은 예술적인 형태로 표현되었다고 볼 수 있다.

토피어리 이점

- 물수태에 감은 토피어리는 건조한 실내에 가습 또는 습도 조절을 한다.
- 다양한 동물 모양의 토피어리는 어린이 정서 발달에 도움이 된다.
- 관리하기 쉽다.
- 토양 재배와 달리 물 주기가 어렵지 않다.

토피어리 종류

토피어리는 장소·형태·구조·식물·식재·용도에 따라서 분류하는데, 토피어리를
활용해 만들 수 있는 형태가 무궁무진한 만큼이나 그 범위와 종류가 다양하다. 또 토
피어리가 일상생활에 기여하는 바도 크다.

장소에 따른 분류

야외용
정원의 경계수(쥐똥나무) 등.

실내용
테이블 토피어리·분재·꽃을 이용한 행사 장식 등.

형태에 따른 분류

- 기하학적 형태
- 자연 형태(동물형, 인물형, 구름형, 꽃탑)
- 평면 형태
- 입체 형태

구조에 따른 분류

전정 구조
식물의 잎이나 줄기를 다듬거나 잘라
형태와 크기를 만든다.

프레임 구조
프레임을 만들고 식물을 그 프레임의
형태를 따라서 잘라 준다.

하트 모양의 뮤렌베키아와 프리뮬러

식물에 따른 분류

나무

향나무 · 쥐똥나무 등.

관엽식물

푸밀라 · 아이비 등.

꽃

한해살이 · 여러해살이

식재에 따른 분류

토양 식재

땅속에 심어 키우는 것.

화분 식재

화분 흙에 심는 것.

몸체 식재

이끼를 채운 토피어리로 꺾꽂이가 가능한 식물을 몸체에 심는 것.

용도에 따른 분류

축제용

박람회나 행사용 꽃탑 등 축제용 대형 토피어리.

테이블용

테이블 장식꽃과 같은 소형 토피어리.

토피어리 관리

물 주기

토피어리는 이끼로만 채워져 있으므로 습도 조절이 중요하다.

- 이끼가 마르지 않도록 수시로 분무해 주고 공중 습도를 높여 주어야 한다.
- 형태를 유지하기 위해 전정해 준다.
- 월 2회 물비료를 준다.
- 물 수반에 자갈을 깔고 토피어리를 얹어 두면, 수분이 증발하면서 실내 공기 습도 유지에 좋다.

식물

잎이 촘촘하고 새순이 빨리 나오고 늘어지는 종류가 알맞다.

표 3-15 토피어리에 쓰는 식물

식물 분류	이름
관엽식물	푸밀라, 아이비, 재스민, 아부틸론
꽃	꽃베고니아
상록수	줄사철, 사철나무

철사로 둥글게 만들어 아이비를 심어 만든 원형 토피어리

곰 모양의 철사 틀 속에 수태를 넣어 아이비를 심어 만든 토피어리

토피어리 만들기

토피어리 프레임 만들기

재료
나무, 대나무, 철, 플라스틱, 물이끼, 고정 핀, 철망
- 나무는 습기에 강하고 수명이 긴 침엽수를 선택하고 방수액을 바른다.
- 대나무는 썩는 것을 방지하기 위해 땅속에 넣을 때는 금속을 사용하고 지상부는 철사로 묶어 사용한다.
- 철은 철근과 철사가 있다. 철근은 마디가 있어 식물 고정이 쉽고 가공이 용이하다.

형태
동식물 형태와 기하학적인 유럽형의 형태가 있다. 또는 평면 형태와 입체 형태로 구분하기도 한다.

제작
프레임은 식물의 무게를 견딜 수 있는 것으로 한다. 식물이 덮이는 기간 동안 미적 효과를 위해 프레임의 색상과 질감을 고려해야 한다.

용기와의 조화
용기는 식물의 형태를 돋보이게 하는 것으로 재료와 조화를 이루는 것을 선택한다.

배치
토피어리를 어느 곳에 설치하느냐가 중요하다. 예를 들어 오리는 물가에, 강아지는 문 앞 등에 놓는다.

영국 자동차박물관 앞에 설치한 토피어리

토피어리 만드는 과정

1 물에 적신 수태를 프레임 틀 속에 다져 바닥층을 만든다.
2 식물은 가장자리를 따라 배치한다.
3 늘어지는 줄기는 핀으로 고정한다.
4 대형일 때는 속(내부)에 무게를 줄이기 위해 스티로폼을 넣는다.
5 물을 주고 구멍을 뚫은 뒤 식물을 넣는다.
6 완성한 뒤 그릇에 물을 넣고 자갈을 깔고 그 위에 올려 놓는다. 단, 오랫동안 잠겨 있지 않도록 한다.

뮤렌베키아 토피어리 만들기

재료

뮤렌베키아(유통명: 트리안), 비단이끼, 토피어리 틀, 비닐, U핀

과정

1 토피어리 틀 속에 비닐을 넣는다.
2 뮤렌베키아를 심고 비단이끼를 넣는다.
3 U자 핀으로 뮤렌베키아를 고정한다. 뮤렌베키아 줄기가 자라면 동물 모양 토피어리 틀에 U자 핀으로 고정한다.
4 뮤렌베키아는 잎이 얇아 잘 마르므로 물을 자주 주고, 아침저녁으로 분무한다.

호야, 푸밀라로 만든 토피어리

천량금, 황금마삭줄, 아이비로 만든 토피어리

오리 모양의 토피어리

백조 모양의 토피어리

제4장 식물도감

관엽식물

학명과 영명

학명이란 어느 나라에서든 통용하는 식물학적 이름(botanic name)이고, 영명은 일반적으로 불리는 이름(commom name)으로 식물의 생김새에 따라 붙여진 것이 많다. 학명과 영명이 동일한 종류도 있고, 다른 종류도 있다. 예를 들어서 아이비Ivy는 영명이고 헤데라Hedera는 학명이다.

식물학적 분류

린네Linneus의 이명명법二名命法에 따라, 과명, 속명屬名, 종명種名, 품종명으로 표기한다.

예 1) 아스파라거스

- 과명 : 백합과
- 속명 : Asparagus
- 종명 : Plumosus(플루모서스), Asparagoides(아스파라고이데스), Myriocladus(밀리오그라다스), Sprengeri(스프렌게리)

아스파라거스 플루모서스

아스파라거스 아스파라고이데스

아스파라거스 밀리오그라다스

아스파라거스 스프렌게리

예 1) 고무나무

- 과명 : 뽕나무과
- 속명 : Ficus(고무나무)
- 종명 : Elastica(인도고무나무), Panda(펜다고무나무), Benghalensis(벵갈고무나무), Benjamina(벤자민고무나무), Pumila(덩굴성고무나무), Lyrata(떡갈잎고무나무) 등

인도고무나무

펜다고무나무

벵갈고무나무

벤자민고무나무

푸밀라(덩굴성 고무나무)

떡갈잎고무나무

골드크레스트 윌마 Goldcrest Willma

원산지 북아메리카　**과명** 측백나무과　**햇빛** 직사광선　**물 주기** 흙이 마르지 않도록 자주 충분히 준다.　**공중 습도** 건조하지 않도록 잎에 자주 분무한다.　**월동 온도** 5℃

밝은 연두색의 로켓 모양으로 '윌마'라고도 한다. 잎을 만지거나 흔들면 상큼하고 기분 좋은 향이 나는 방향성芳香性 식물이다. 향 성분 속에 있는 피톤치드 성분은 살균 작용을 한다. 흙이 마르지 않도록 물을 충분히 자주 주고 잎에도 자주 분무해서 건조하지 않게 관리한다. 햇빛을 좋아하므로 직사광선에 두고 기른다. 빛이 부족하면 웃자라서 모양새가 없다.

　겨울철에는 5℃ 이상 되는 장소에 두고 물을 조금 더디 준다. 화사한 분위기를 연출하기 때문에 여러 가지 식물들을 모아 심을 때 높이를 주는 식물로 많이 이용된다. 포인세티아와 짝을 이뤄 크리스마스 장식으로도 이용된다.

관음죽 Rhapis

원산지 중국 남부　**과명** 야자과　**햇빛** 반직사광선　**물 주기** 토양이 바싹 마르면 준다.　**공중 습도** 건조할 때 분무한다.　**월동 온도** 5℃

상록성으로 키는 1~2m이다. 부채살 모양의 잎은 딱딱한 편이고 반짝반짝 윤기가 나며 진녹색이거나 황색 무늬가 들어간 종류도 있다. 생장 속도가 느린 것이 특징이다. 반음지식물로 추위와 음지에도 강해 겨울철 베란다에서도 잘 자라므로 실내 조경 식물로 많이 이용된다. 그러나 건조한 환경에서는 잎이 갈색으로 변하고 응애가 생기기 쉽다. 또한 잎 끝에 염분이 축적되어도 잎이 누렇게 변한다. 대나무 느낌의 동양적인 멋이 있어서 고전적인 느낌의 가구와 잘 어울린다. 암모니아를 흡수하는 기능성 식물이다.

　매월 1회 액체 비료를 주고, 번식은 새싹이 나오는 5~6월에 포기나누기로 한다.

군자란 Clivia

원산지 남아메리카 **과명** 수선화과 **햇빛** 반직사광선 **물 주기** 흙이 바싹 마르면 준다. **공중 습도** 건조할 때 분무한다 **월동 온도** 5℃

1~5월에 피는 주황색 꽃과 윤기 나는 잎이 강렬하고 개화 기간이 길어 포인트 식물로 이용한다. 반직사광선에서 잘 자라며, 직사광선을 받으면 잎의 윤기가 없어지고 누렇게 변한다. 잎이 두껍고 뿌리가 굵어 물을 자주 주지 않아도 되며, 특히 휴면기인 가을~겨울에는 물을 거의 주지 않는다. 생육 적온은 20℃, 월동 온도는 5℃이다.

겨울철 약간 추운 곳에서는 꽃대가 길게 올라오며 꽃이 피고, 따뜻한 곳에서는 꽃대가 짧게 나오며 꽃이 핀다. 10℃ 전후 30~40일 저온 처리하면 잎 사이에서 꽃대가 길게 올라오고 꽃이 핀다. 물 빠짐이 좋은 밭흙과 부엽토를 2 : 1로 섞고 마사토나 바크를 올려 통기성을 높인 배양토에 심는다. 분갈이는 2~3년에 한 번 꽃이 진 뒤 한다. 번식은 5~6월경에 종자 또는 포기나누기로 한다.

색이 선명하고 아름다운 꽃을 많이 피우려면 비료를 충분히 주어야 한다. 봄부터 가을까지 월 2회 1,000배 희석한 액비를 주거나, 토양 위에 깻묵과 골분을 7 : 3 비율로 섞어 만든 알비료를 2~3개 올려 준다. 토양이 습하면 뿌리·잎·줄기가 담갈색이나 다색으로 변하고 포기 전체가 시들어 죽게 되므로, 적당한 온도와 습도를 유지하고 고온다습하지 않도록 통풍에 신경 쓴다.

구즈마니아 체리 Guzmania Cherry

원산지 열대 아메리카 **과명** 파인애플과 **햇빛** 반직사광선 **물 주기** 흙이 바싹 마르면 준다. **공중 습도** 건조하지 않도록 자주 분무해 준다. **월동 온도** 5℃

키 45*cm*, 폭 4*cm* 정도의 식물로, 키만한 길이의 잎이 휘어져 있고 잎 가운데로 커다란 꽃과 같은 것이 올라오는데, 이것은 꽃이 아니라 꽃을 싸고 있는 잎으로 식물학 용어로 포(苞)라고 부른다. 붉은 포 가운데에 흰색 꽃이 피어난다. 포엽은 노란색 · 주황색 · 빨간색 등 다양하여 관상 가치가 높다. 시들면 꽃대를 즉시 잘라 준다. 물은 화분의 겉흙이 마르면 주는데, 다른 식물과는 달리 빨간색 포 중심에 물을 부어 물이 고이면서 밑으로 흘러 내리도록 준다. 습한 환경을 만들기 위해서 분무기로 자주 물을 뿌려 준다. 반직사광선에서도 잘 자라지만, 봄과 가을에는 매일 4시간 이상 직사광선을 받아야 튼튼하다.

아나나스 Ananas

원산지 열대 아메리카 **과명** 파인애플과 **햇빛** 직사광선~반직사광선 **물 주기** 흙의 표면이 마르면 충분히 준다. **공중 습도** 매일 잎에 분무한다. **월동 온도** 10℃ 이상

열대 아메리카가 원산지인 파인애플과 식물로 아나나스류에는 약 2,000여 종이 있다. 아나나스류를 보통 착생식물이라고 부르는데, 착생식물은 땅에 뿌리를 내리고 사는 것도 있지만, 주로 나무나 암벽 등에 붙어서 사는 식물을 일컫는다. 착생식물은 수분을 자기 몸속에 물을 담아 두는 독특한 특성이 있다. 흔히 집에서 많이 키우는 종류 중 하나는 구즈마니아이다. 그 밖에 에크메아 Aechmea, 브리시아 Viresea Carinata 등이 있다.

　통나무에 지그재그로 홈을 파내고 아나나스 뿌리를 이끼로 감싸 철사로 고정시킨 뒤 다시 이끼를 감싸면 마치 전체가 아나나스 나무인 것처럼 연출할 수 있다.

에크메아 파시아타 Aechmea fasciata

원산지 브라질 **과명** 파인애플과 **햇빛** 반직사광선 **물 주기** 흙이 바싹 마르면 준다. **공중 습도** 수시로 잎에 분무해 준다. **월동 온도** 10℃

여러해살이 착생식물이다. 잎의 길이는 40~60*cm*이고, 폭은 5~7*cm*이다. 잎이 모여 있는 가운데에 분홍색 포엽이 아름답게 피어 있다. 포엽은 잎이 변형된 형태로, 꽃이나 꽃눈을 감싸 보호하는 기능을 하며 색과 모양이 다양하다. 겨울을 제외하고는 잎 중심부에 물을 채워 주는 것이 좋은데, 실내 온도가 높을 때는 물이 쉽게 부패할 수 있으므로 수시로 물을 갈아 준다. 꽃이 질 무렵 밑둥에서 새싹이 나오면 떼어 내어 다른 화분으로 번식시킨다.

구즈마니아 체리

구즈마니아 체리

아나나스 브리시아

에크메아 파시아타

고양이발톱고사리

원산지 남부 도서 지방 **과명** 넉줄고사릿과 **햇빛** 직사광선, 반직사광선 **물 주기** 토양이 약간 촉촉하도록 유지한다. **공중 습도** 60~70% **월동 온도** 5℃

넉줄고사릿과의 여러해살이풀이다. 중국과 일본에서 육종한 품종으로 남부 도서 지방에서 자생한다. 푸른 잎 아래 드러난 줄기 모양이 마치 고양이 발톱과 비슷하다고 해서 붙여진 이름이다. 털 속에서 새순들이 돋아난다. 생육 온도는 15~25℃이며, 월동 온도는 5℃ 내외이다. 반직사광선에서 잘 자란다. 수분을 아주 좋아하고 실내에서도 잘 자라는 식물이다. 돌이나 기와 등을 이용한 석부작과 와부작에 아주 잘 어울리는 식물로, 자랄수록 고양이 발톱처럼 생긴 뿌리줄기가 퍼져 나가면서 관상가치가 높아진다는 장점이 있다. 스프레이를 자주 해서 공중 습도를 촉촉하게 유지하고, 뿌리는 이끼가 마르면 물에 푹 담갔다가 덮어 주는 정도로 관리하면 좋다.

넉줄고사리

원산지 일본, 대만, 중국 **과명** 넉줄고사릿과 **햇빛** 반직사광선 **물 주기** 토양이 약간 촉촉하도록 유지한다. **공중 습도** 60~70% **월동 온도** 5℃

암석이나 나무 등에 붙어 자라는 여러해살이 착생식물이다. 잎 모양은 삼각형이며 연한 황갈색 비늘조각들이 뿌리줄기를 덮고 있다. 뿌리줄기는 뻗으면서 자라고 잎자루가 나온다. 생육 온도는 15~25℃, 월동 온도는 5℃ 내외, 공중 습도는 60~70%가 알맞다. 뿌리줄기는 습기에 예민하므로 건조한 곳에서 키운다. 반직사광선에서 잘 자라며, 건조하면 응애ㆍ진딧물ㆍ개각충이 생길 수 있으므로 통풍에 주의한다.

 번식은 잎 뒷면에 붙은 흑갈색 포자로 번식하거나 포기나누기 또는 뿌리꽂이로 한다. 뿌리줄기가 바싹 말랐을 때는 30분 정도 물에 푹 담가 저면 관수를 하면 생기가 살아난다.

네프로레피스 Nephrolepis

원산지 열대지방 **과명** 고사릿과 **햇빛** 반직사광선, 약광선 **물 주기** 화분의 흙이 약간 습할 정도로 준다. **공중 습도** 분무기로 자주 물을 뿌려 준다. **월동 온도** 5℃ 이상

뿌리에서 잎이 여러 갈래로 나며 고사리처럼 생겼다. 잎이 자라면서 휘어져 늘어지므로 실내 공중에 걸어 두면 풍성하고 상쾌한 느낌을 준다. 공기 정화 효과가 뛰어나며, 잎 색이 연하고 느낌이 부드러워서 다른 식물과 잘 어울려 활용도가 높다. 밝은 곳에서 기르되 직사광선은 피하고, 여름엔 실외 그늘에 둔다. 추위에 강하지만 건조에 약하므로 아파트보다 주택에서 재배하기 좋다.

　물은 흙이 약간 습할 정도로 유지한다. 봄과 여름에는 액체 비료를 2주에 한 번씩 준다. 고사릿과 식물은 건조한 것을 싫어한다. 공중 습도가 60% 이상 되어야 잎 끝이 마르지 않고 잘 자라므로 물을 자주 분무해 준다. 생장이 빠르므로 포기가 많아지면 5~9월 사이에 포기를 나누어서 다시 심는다.

도깨비쇠고비

원산지 제주도, 울릉도 **과명** 고란초과 **햇빛** 반직사광선 **물 주기** 토양이 약간 촉촉하도록 유지한다. **공중 습도** 60~70% **월동 온도** 5℃ 내외

상록성의 여러해살이풀로, 제주도 · 울릉도 · 중부 해안 돌 틈에 자생한다. 깃털 모양의 잎은 끝이 뾰족하고, 길이는 20~60cm 정도다. 잎이 두껍고 광택이 나며 가죽처럼 질기고 억세다. 건조한 환경에서도 잘 견딘다. 잎조각 뒷면 전체에 포자낭군이 흩어져 있고, 둥근 포막은 검은빛이 도는 갈색 부분을 흰색으로 두른 모양이다. 번식은 포자와 포기나누기로 한다. 잎이 늘 푸르므로 여러 가지 식물을 모아 심을 때 기본 식물로 심으면 좋다.

드라세나 마지나타 Dracaena marginata

원산지 마다가스카르섬 **과명** 용설란과 **햇빛** 반직사광선. 여름에는 강한 직사광선을 피한다. **물 주기** 흙이 마르면 충분히 준다. **공중 습도** 잎에 자주 분무해 준다. **월동 온도** 10℃ 이상에서 월동

곧은 회백색의 줄기 끝에 얇고 긴 잎이 쫙 펼쳐지며 늘어지는 모양이 매우 예쁘다. 모양이 단정하고 깔끔하여 인테리어 식물은 물론 선물용으로도 좋다. 드라세나 종류에는 산데리아나Sanderiana, 맛상게아나Massangeana 등이 있으며, '드라세나 트리칼라Tricolor'는 녹색 바탕에 잎가 쪽으로 노란색과 빨간색의 줄무늬가 어우러져 부드럽고 아름다운 느낌을 준다.

물은 흙이 마르면 충분히 주되 여름에는 하루에 한 번 주고 습도가 높은 환경에서 잘 자라므로 잎에 자주 분무를 해 준다. 여름에 빛이 너무 강하면 잎에 윤기가 없어지기도 하므로 반직사광선에 두고 기른다. 반면 추위에 약해서 겨울에는 최소 10℃ 이상의 온도에 두고 흙이 완전히 마르지 않을 정도로만 물을 주면 된다. 분갈이는 2~3년에 한 번 봄에 해 준다. 거실 구석에 두고 키우면 깔끔한 분위기를 낼 수 있다.

오래 길러서 키가 커지면 줄기를 5*cm* 정도 잘라 잎을 따고, 줄기를 수태로 감싼 뒤 다른 화분에 배양토를 넣고 꽂아 두면 한 달 뒤에 새로운 뿌리가 내린다. 나무의 잘린 단면에서는 새싹이 나온다.

드라세나 마지나타

드라세나 맛상게아나

드라세나 산데리아나

디펜바키아 Dieffenbachia

원산지 열대 아메리카 **과명** 천남성과 **햇빛** 반직사광선. 여름에 강한 광선에는 잎이 타므로 주의한다. **물 주기** 흙이 마르면 충분히 준다. **공중 습도** 자주 잎에 분무한다. **월동 온도** 13℃ 이상

잎이 혓바닥처럼 생겨서 '텅 플랜츠 Tongue Plants'라고도 한다. 잎이 크고 넓어 관상 가치가 높고 공기 정화, 습도 조절 기능이 뛰어나다. 온도와 습도가 높아야 잘 자란다. 약광선에서도 잘 견디지만 오랫동안 어두운 실내에 두면 웃자라서 모양이 흐트러지고 잎자루가 길어진다. 건조한 환경에서는 잎이 마르고 약해지므로 봄~가을까지는 흙이 마르면 충분히 물을 준다. 추위에 약하므로 15~16℃ 정도의 온도를 유지한다. 겨울에는 물 주기를 조금 더디게 하고 약간 건조하게 관리한다. 날이 추워지면 잎이 떨어지는 현상이 생기기도 한다.

줄기를 자르면 나오는 즙액에는 독성이 있어 피부에 닿으면 가렵고 빨갛게 부어오르므로 주의한다.

만데빌라 Mandevilla

원산지 브라질 **과명** 협죽도과 **햇빛** 직사광선, 반직사광선 **물 주기** 흙이 마르면 듬뿍 준다. **공중 습도** 건조할 때 분무한다. **월동 온도** 12℃ 이상

목본성 덩굴식물로, 5~9월까지 붉은색 나팔 모양의 꽃이 피며, 겨울에도 온도가 적당하고 광선만 충분하면 계속해서 꽃이 핀다. 반직사광선과 직사광선에서 자라며 5~10월에는 노지에서 키우는 것이 좋고, 11월 이후에는 추위에 약하므로 실내에서 키운다. 적온은 20~30℃이다. 물은 흙이 마르면 듬뿍 주고 살짝 건조하게 관리한다.

줄기를 자르면 우윳빛 수액이 나오는데, 피부에 자극을 주므로 닿지 않도록 주의한다.

4월에 가지치기를 해 주면 새 줄기가 많이 나와 포기도 풍성해지고 꽃도 많이 핀다.

백량금 Ardisia Crenata

원산지 한국 남부 도서 지방 **과명** 자금우과 **햇빛** 반직사광선 **물 주기** 흙이 약간 마르면 준다. **공중 습도** 건조할 때 분무한다. **월동 온도** 5℃ 이상

상록성 활엽관목으로 남부 도서 지방의 섬 골짜기나 숲의 그늘에서 자생한다. 키는 1m 정도 자라고, 잎은 윤기 있는 짙은 초록빛으로 가장자리에 톱니와 주름이 있으며 톱니 사이에는 선모腺毛가 있다. 6월에 흰 바탕에 검은 점이 있는 작은 꽃이 산형꽃차례로 달린다. 9월에 초록색 열매가 맺히고 점점 빨간색으로 변해 이듬해 봄까지 달려 있다. 짙은 초록빛 잎사귀 사이에 짙은 빨간색 열매가 올망졸망 달려 있는 모습이 매우 아름다워서 관상용으로 인기가 좋은 식물이다. 반음지를 좋아하고 습기와 추위에 강하다.

산호수 Ardisia Pusilla

원산지 제주도 **과명** 자금우과 **햇빛** 반직사광선 **물 주기** 흙이 마르면 충분히 준다. **공중 습도** 건조할 때 분무한다. **월동 온도** 5℃

상록소관목으로 낮은 지대의 숲이나 골짜기에 자생한다. 잎이 두껍고 광택이 있으며 6월경에 흰색 꽃이 핀다. 9월부터 초록색 열매가 점점 빨갛게 익기 시작해 이듬해 여름철까지 달려 있다. 반직사광선이나 밝은 장소에 두되 여름철 직사광선은 피한다. 습윤한 반음지식물로 추위에 비교적 강하므로 겨울철에는 온도를 5℃ 정도로 유지하고 물 주는 횟수는 줄인다. 실내가 건조하면 잎 끝이 마른다. 공기 정화 식물이다.

자금우 Ardisia Japonica

원산지 한국, 일본, 중국, 대만 **과명** 자금우과 **햇빛** 반직사광선 **물 주기** 화분의 흙이 마르면 충분히 준다. **공중 습도** 미지근한 물로 잎에 자주 분무한다. **월동 온도** 5℃ 이상

키는 10~30㎝ 정도로 자라며, 잎은 짙은 녹색에 광택이 나고 잎 가장자리에 자잘한 톱니가 있다. 꽃은 흰색으로 6월경에 피고, 9월부터 열매가 익기 시작해 다음해 개화 때까지 열매를 감상할 수 있다. 반직사광선이나 실내의 밝은 장소에 두고 기르고 직사광선은 피한다. 물은 화분의 흙이 마르면 충분히 주고 습기가 많아 뿌리가 썩지 않도록 주의한다. 추위에 강해 겨울철에도 베란다에서 키울 수 있다. 겨울철에 5℃ 정도 온도를 유지하면 물을 더디게 주어도 잘 자란다.

백량금

산호수

무늬산호수

자금우

벤자민고무나무 Ficus benjamina

원산지 인도, 동남아시아, 말레이제도, 오스트레일리아 북부 열대지역　과명 뽕나무과　햇빛 반직사광선　물 주기 흙이 마르면 충분히 준다.　공중 습도 건조할 때 하루 2~3회 분무한다.　월동 온도 10℃ 이상

보통 '벤자민'으로 불리며 회갈색 줄기가 곧고 아름답다. 잎은 초록색 단색·연두색과 초록 줄무늬·흰색과 초록 줄무늬가 있는 종류 등 다양하다. 윤기 있고 잎이 부드럽다. 온도가 높고 습기가 많은 환경에서 잘 자란다. 물은 화분의 겉흙이 마르면 충분히 준다. 새로운 환경에 적응할 때까지는 잎이 떨어지거나, 겨울철에는 오래된 잎이 누렇게 변하면서 떨어지기도 한다. 겨울철 실내에서 키우다가 봄철에 햇빛이 강한 바깥으로 옮기면 잎이 타 버린다.

겨울철에 건조하고 통풍이 안 되는 따뜻한 실내에서는 깍지벌레가 발생하여 잎 뒷면에 기생하면서 꿀을 분비하여 잎에 시커먼 그을음병을 발생시킨다. 물을 자주 분무하고 통풍에 신경을 쓴다.

양지와 반양지 식물이며, 재배 적온은 16~24℃이다. 추위에 약하여 겨울에 10℃ 이상 온도를 유지하며 물을 더디게 준다. 반직사광선에서 잘 견디지만, 그늘에 오랫동안 두거나 추우면 잎이 떨어지고 약해진다.

분갈이는 2년에 한 번씩 봄에 한다. 가지가 많아 모양이 흐트러지고 지저분할 때는 가지치기를 한다. 병들거나 시든 가지는 밑둥을 자르고, 그 밖에는 아래 잔가지만 두고 굵은 가지를 잘라낸다.

산세베리아 Sansevieria

원산지 아프리카, 남아시아 **과명** 용설란과 **햇빛** 직사광선~반직사광선 **물 주기** 건조하게 관리하고, 흙이 마르면 충분히 준다. **공중 습도** 분무할 필요는 없다. **월동 온도** 10~15℃

빛을 좋아하며, 가장 오래 사는 식물이라는 의미에서 '천년란'이라고도 한다. 봄에 초록색 또는 흰색 꽃이 피며 향기가 좋다. 두꺼운 잎에 수분을 많이 함유하고 있기 때문에 물을 자주 주면 뿌리가 썩어 버린다. 물은 흙이 바짝 마르면 한 번씩 충분히 주면 된다. 또한 건조한 환경을 좋아하므로 자주 분무해 줄 필요는 없다. 겨울철에는 10℃ 이상의 온도를 유지하고 물은 월 2회 정도만 주어도 충분하다.

특히 온도가 낮고 햇빛이 없는 곳에서 물을 주면 식물체가 물러 버린다. 햇빛을 충분히 받으면 잎의 색상이 선명해지고 튼튼해진다.

최근 산세베리아에서 인체에 유용한 음이온이 발생된다는 사실이 알려져 더욱 관심이 커지고 있다. 잎에서 질기고 탄력 있는 실을 빼내는 식물로 원산지에서는 중요한 섬유자원이 되는 식물이지만 다른 지역에서는 관상수로 심는다.

잎이 2~3개 붙은 포기를 나누어 화분에 심어 번식하거나 잎을 잘라서 심어 번식할 수 있다. 잎 가장자리에 노란 무늬가 있는 종류는 잎을 잘라 뿌리를 내리면 잎의 무늬가 없어지므로 포기를 나눠 심는 방법으로 번식한다. 포기를 나눠 심는 시기는 5~8월이 좋다. 품종은 스투키 Stuckyi 등이 있다.

산세베리아 스투키 Sansevieria stuckyi

산세베리아

스킨답서스 Scindapsus

원산지 솔로몬군도　**과명** 천남성과　**햇빛** 반직사광선　**물 주기** 흙이 약간 마르면 준다.　**공중 습도** 건조할 때 분무한다.　**월동 온도** 10℃

덩굴성 식물로 줄기 마디마디에서 뿌리가 내린다. 줄기는 굵고 10~20m까지 자라 벽을 타고 올라가고 공중걸이로도 쓰인다. 잎은 두껍고 녹색 바탕에 노란 무늬가 있다. 봄부터 가을까지 물을 많이 줄 필요가 있지만 습기가 너무 많은 것은 좋지 않다. 생장 속도가 빨라 실내 조경을 할 때 지피식물로 많이 쓰이고, 부케나 플라워 어레인지먼트(꽃꽂이)에도 다양하게 이용된다. 줄기를 2마디 정도 잘라 물속에 넣으면 뿌리가 잘 내린다. 여름철에는 직사광선을 받으면 잎의 색깔이 퇴색되므로 주의한다.

스파티필름 Spatiphyllum

원산지 북부 아메리카　**과명** 천남성과　**햇빛** 반직사광선, 약광선　**물 주기** 흙이 습하도록 물을 충분히 준다.　**월동 온도** 13℃

스파티필름 Spatiphyllum은 그리스어로 'Spathe(불염포)'라는 뜻과 'Phyllum(잎)'이라는 뜻이 합쳐진 상록 여러해살이풀이다. 조금 특이하게 생긴 '불염포'가 꽃처럼 피고, 꽃은 막대처럼 삐죽 올라온 것이다. 반직사광선·약광선에서도 잘 자라며, 꽃이 잘 피려면 해가 잘 드는 베란다나 거실 등 밝은 곳에 두고 키우는 것이 좋다. 약한 빛만 있어도 1년 내내 꽃이 피므로 계절에 상관없이 감상할 수 있다.

아디안텀 *Adiantum*

원산지 미국, 아시아 온대~열대 지역 **과명** 고사릿과 **햇빛** 약광선 **물 주기** 흙이 약간 촉촉한 상태를 유지한다. **공중 습도** 분무기로 잎에 수시로 물을 뿜어 준다. **월동 온도** 10℃ 이상

키는 30㎝ 정도 자라고, 까만 잎자루에 연녹색의 얇고 작은 은행잎처럼 생긴 잎들이 달린다. 물을 주어도 잎이 젖지 않는다. 따뜻하고 습기 많은 곳에서 잘 자라므로 주방이나 욕실에 두고 기르면 좋고, 테라리움 식물로도 적당하다. 물은 화분 표면의 흙이 마르면 흠뻑 주고, 비료는 봄과 가을에는 월 1~2회 액체 비료를 준다. 잎이 주는 화사하고 밝은 느낌이 다른 식물과 잘 어울려서 여러 식물을 모아 심을 때 함께 심으면 훨씬 부드럽고 산뜻한 분위기를 연출할 수 있다. 조금만 건조해도 쉽게 잎이 마르고 쪼글쪼글해지므로 집안의 건조한 상태를 알 수 있다. 한번 뿌리가 마르면 다시 살리지 못하지만, 시들해진 잎자루를 뿌리 가까운 부분에서 잘라 낸 뒤 충분히 물을 주고 스프레이해 주면 새싹이 올라온다.

　겨울철에는 따뜻한 실내에서 키우는 것이 좋으나, 난방 상태에서 건조하면 포기가 시들 수 있으므로 수시로 물을 분무해 공중 습도를 높여 주고 보온 보습을 위해 비닐을 씌워 두는 것이 좋다.

　실내에서 가장 높은 습도를 유지해야 하므로 키우기가 까다로운 식물이다. 관리가 필요하다.

아글라오네마 Aglaonema Pusilla

원산지 태국, 필리핀, 스리랑카 **과명** 천남성과 **햇빛** 반직사광선~약광선 **물 주기** 흙이 마르지 않도록 충분히 준다. **공중 습도** 건조할 때 잎에 분무한다. **월동 온도** 13℃

보통 40~60cm 정도까지 자라고 약광선에서 잘 견딘다. 넓고 큰 잎은 녹색과 은백색이 어우러진 독특한 색감으로 시원한 느낌을 준다. 따뜻하고 습한 환경에서 잘 자라므로 봄부터 가을까지는 흙이 마르지 않도록 물을 자주 주고, 겨울에는 약간 건조하게 관리한다. 또한 잎에도 자주 분무하여 공중 습도를 높인다. 빛이 강하면 잎이 하얗게 퇴색되고 축 늘어지므로 반직사광선에 두고 기른다. 겨울에는 13℃ 이상을 유지한다. 생장이 더디므로 분갈이는 3년에 한 번, 봄에 한다. 물속에서도 잘 자라서 수경 재배로도 많이 이용된다. 종류는 실버킹 · 스노우 사파이어 · 시암 오로라 Siam aurora 등이 있다.

아라우카리아 Araucaria

원산지 오스트레일리아 **과명** 아라우카리아과 **햇빛** 반직사광선 **물 주기** 흙이 말랐을 때 충분히 준다. **공중 습도** 건조할 때 분무한다. **월동 온도** 5℃ 이상

대표적인 실내식물로 삼나무와 흡사하며, 형태가 좋고 잎 색깔도 밝은 녹색이다. 가지가 수평으로 자라서 큰 공간을 장식할 때 유용하며, 크기에 따라 다양한 용도로 쓴다. 원산지인 호주의 노포크 섬에서는 키가 50~70m까지 자라고, 화분에서는 1m~1.5m까지 자란다. 원래 햇빛을 좋아하지만, 어린 나무는 음지에서도 잘 견디므로 가정에서 기르기 무난하고 초보자도 쉽게 관리할 수 있다. 재배하기 쉽고 실내 공기 정화 능력이 뛰어나며, 특히 포름알데히드 제거 능력이 월등하다. 번식은 종자 번식과 삽목으로 하는데, 삽목은 시간과 노력을 많이 요구하므로 대부분 종자 번식을 선호한다.

물은 화분의 흙이 말랐을 때 한 번씩 충분히 준다. 여름철에는 반직사광선에 두고, 겨울철에는 추위에 비교적 강하므로 최소 5℃ 정도로 유지하며 물을 더디게 준다. 너무 덥거나 건조하면 잎이 떨어져 버리고, 특히 겨울철에는 난방으로 인해 집 안이 건조해질 수 있으므로 잎에 물을 자주 분무해 준다.

통풍이 잘되어야 잘 자라므로 창문을 열어 자주 환기한다. 분갈이는 3~4년마다 한다. 크리스마스 시즌에는 트리로도 많이 이용된다.

아펠란드라 Aphelandra

원산지 브라질 **과명** 쥐꼬리망초과 **햇빛** 반직사광선 **물 주기** 흙이 마르면 충분히 물을 준다. **공중 습도** 잎에 자주 분무한다. **월동 온도** 15℃

키는 30cm 정도로, 줄기는 굵고 흑자색이며 광택이 있다. 녹색 잎 바탕에 옆맥을 따라 흰줄무늬가 있다. 노란색 부분은 꽃이 아니라 화포이며, 꽃은 흰색으로 포 사이에서 실처럼 아래에서 위로 핀다. 남아메리카에 약 60종의 품종이 있는데, 관상용으로는 주로 로세 Lousae 와 다니아 Dania 를 키운다.

모래 성분이 많은 비옥한 토양에서 잘 자라고 고온다습한 환경을 좋아한다. 음지와 추위에 약하므로 겨울에는 온도를 15℃ 이상 유지하고, 실내가 건조하면 잎 끝이 마르므로 습도를 높게 해 주어야 한다. 번식은 줄기꽂이로 한다.

아글라오네마(위), 시암 오로라(아래)

스노우 사파이어

아라우카리아

아펠란드라

아레카 야자 Areca

원산지 마다카스카르 **과명** 야자과 **햇빛** 반직사광선 **물 주기** 흙이 마르면 준다. **공중 습도** 잎에 자주 분무한다. **월동 온도** 10℃

수분 방출량이 가장 많은 식물 중의 하나로 2m 크기로 자란다. 증산작용으로 하루에 수분 1L를 뿜어 내고 공기 정화 능력이 뛰어나 건조한 곳에 두면 실내 습도 조절에 도움된다. 참고로 아레카야자는 미국항공우주국(NASA)에서 공기 정화 식물 1위로 꼽은 식물이다.

증산작용이 활발해서 수경 재배를 할 때는 다른 식물에 비해 물 주는 횟수를 줄여도 된다. 물을 분무해주면 잎에 윤기가 나고 싱싱해진다. 반음지식물로 재배 적온은 18~24℃이다. 실내가 건조하면 개각충이나 응애가 발생하며, 잎 끝이 황갈색으로 변한다.

테이블 야자 Chamaedorea

원산지 멕시코 북부 **과명** 야자과 **햇빛** 반직사광선 **물 주기** 흙이 마르면 충분히 준다. **공중 습도** 여름에 수시로 분무한다. **월동 온도** 5~8℃ 이상

'테이블에 놓는 야자나무'라는 뜻의 이름이다. 키는 2m 정도까지 자라는데 생장 속도가 매우 느리다. 잎이 주는 우아한 모양이 이국적인 느낌을 낸다. 추위와 음지에 강해 초보자도 쉽게 기를 수 있다. 한여름의 강한 광선에 잎이 퇴색되므로 반직사광선에 두고, 물은 흙이 마르면 충분히 준다. 지나치게 건조하면 잎 끝이 갈색으로 변하므로 더운 여름철에는 젖은 천으로 잎을 닦거나 분무기로 물을 자주 뿌려 주면 좋다. 분갈이는 2~3년에 한 번 봄에 해 준다.

수분 과다나 저온 장해로 잎에 갈색 반점이 생기면 병든 가지를 잘라 준다. 잎이 노랗게 변하는 것은 여름에 뿌리가 수분을 흡수하지 못해 나타나는 증상이므로 수분을 흡수하도록 물에 담가 둔다.

안슈리움 Anthurium

원산지 열대 아메리카 **과명** 천남성과 **햇빛** 반직사광선 **물 주기** 흙이 말랐을 때 충분히 준다. **공중 습도** 잎에 자주 분무해 준다. **월동 온도** 13~15℃

'홍학꽃'이라고도 한다. 넓고 광택이 나는 짙은 녹색 잎에서 하트 모양의 불염포가 꽃처럼 올라오고, 위로 막대처럼 올라온 것이 꽃이다. 불염포 색깔은 종류에 따라 흰색·초록색·핑크색·붉은색·자주색 등 다양하며, 광택이 나서 조화 같은 느낌을 준다. 꽃 또한 막대 모양·꼬리 모양 등 다양하며 꽃꽂이 소재로 많이 이용된다. 5~9월에 꽃이 피며, 습도와 빛만 적당하면 실내에서 1년 내내 꽃을 감상할 수 있다. 한 번 꽃이 피면 지속 기간이 몇 주에서 길게는 30일까지 핀다. 잎이 두껍고 뿌리가 굵으므로 물을 자주 주면 뿌리가 썩는다. 잎에는 자주 분무해 주고, 겨울철에는 물을 더디게 준다. 꽃이 피려면 밝은 빛이 필요하므로 거실·창가·베란다에 두는 것이 좋다.

아레카 야자

테이블 야자

안슈리움

알로카시아 Alocasia

원산지 동남아시아　**과명** 천남성과　**햇빛** 반직사광선　**물 주기** 흙의 표면이 말랐을 때 충분히 준다.　**공중 습도** 잎에 자주 분무한다.
월동 온도 3~10℃ 이상. 알로카시아 오도라(A. Odora)는 추위에 강해 최저 3℃, 알로카시아 아마조니카(A. amazonica, 유통명 : 거북이등 알로카시아)는 추위에 약하므로 최저 10℃이다.

길게 뻗은 줄기 끝에 방패 모양의 잎이 달린다. 잎은 짙은 녹색으로 광택이 나고 굵고 하얀 잎맥이 선명하게 나 있으며, 무늬와 모양이 다양하다. 실내에서는 밝은 곳이나 반직사광선에 두고 기른다. 물은 화분의 겉흙이 말랐을 때 충분히 주고, 잎에 자주 분무해 준다. 겨울에는 따뜻한 실내로 옮겨 두고 물 주는 횟수를 줄여 약간 건조하게 관리한다. 잎을 자주 닦고 분무기로 물을 자주 뿜어 주면 성장에도 좋고 건조할 때 생기는 응애의 발생도 막을 수 있다.

익소라 Ixora

원산지 동인도　**과명** 꼭두서니과　**햇빛** 반직사광선　**물 주기** 흙이 약간 습기가 있게 유지한다.　**공중 습도** 습도를 높게 유지한다.　**월동 온도** 10℃

높이 1m까지 자라며, 실내에서 키우면 키가 30~40㎝ 정도로 자란다. 녹색 타원형 잎은 7~8㎝ 크기로, 약간 도톰하고 끝이 뾰족하다. 봄~가을까지 줄기 끝에 작은 꽃이 모여 수국처럼 큰 송이 모양을 이룬다. 20~25℃ 정도의 반직사광선에서 잘 자라며, 빛이 너무 부족하면 꽃이 피지 않는다. 뿌리가 한 번 마르면 회복되지 않으므로 흙은 약간 습기 있게 유지하고 분무기를 이용하여 물을 자주 뿜어 준다.

　꽃이 화려하고 송이가 커서 여러 관엽식물 가운데에 포인트로 두거나 빛이 좋은 창가에 단독으로 배치하면 화사한 분위기를 연출할 수 있다.

자트로파 Jatropha

원산지 아프리카　**과명** 대극과　**햇빛** 반직사광선　**물 주기** 흙이 바싹 마르면 준다.　**공중 습도** 10℃

잎과 꽃을 관상하는 상록 저목 식물이다. 5~7월에 작고 빨간 꽃이 모여 피며 산호와 비슷해서 '산호유동'이라고도 한다. 특유의 냄새와 맛이 있어 야생동물이 농장에 침입하는 것을 막기 위한 울타리로 많이 사용된다. 마사토와 배양토를 3 : 2 비율로 섞어 심고 건조하게 키운다. 생육 온도는 25~30℃이며 추위에 약하므로 겨울철에는 최저 10℃ 이상 유지한다.

　여름철 고온다습할 때 잎이 4~5매 나온다. 잎 · 열매 · 줄기에서 나오는 흰 액에 독성이 있으므로 만진 뒤에는 반드시 손을 씻어야 한다.

알로카시아 오도라

알로카시아 아마조니카

익소라

자트로파

재스민 Jasminum

높이 3m까지 자라며 6~9월 사이에 흰색 꽃이 피는 덩굴성 식물이다. 꽃이 오래 피고 향기가 좋아서 향수 · 차 · 화장품 원료로 사용했다. 빛이 부족하면 꽃이 피지 않으므로 여름에는 실외에 내놓고 기르거나 창문을 열어 충분히 통풍을 한다. 봄~가을까지는 흙이 마르지 않게 물을 자주 주고 겨울에는 약간 건조하게 관리한다. 분갈이는 필요할 때 봄에 해 준다. 덩굴 식물의 특성을 살려 철사나 나무 등을 이용해 원하는 모양으로 기를 수 있다.

천사의나팔꽃 Angel's Trumpet

남아프리카 원산의 상록 저목이다. 꽃은 30cm 정도 길이로 아래로 늘어져서 피며, 흰색 · 노란색 · 분홍색 · 주황색을 띤다. 초저녁이나 이른 아침에 향기가 가장 진하다. 햇빛과 거름을 좋아하여 퇴비를 충분히 주면 키가 2m 이상 자란다.

번식은 꺾꽂이로 하는데, 가지를 15cm 길이로 잘라 물병에 꽂으면 뿌리가 내린다. 잎이 너무 클 때는 적당한 길이로 잘라 주어야 뿌리가 빨리 내린다. 뿌리가 내리면 흙에 옮겨 심는데, 봄에 심으면 가을에 꽃이 핀다. 봄~가을까지는 밖에서 키우고, 11월경에 실내로 들어온다. 실내로 들어올 때는 1m 정도 남겨두고 자른다. 통풍이 제대로 안 되고 건조한 실내에서는 잎 뒷면에 응애가 발생하므로 주의한다.

크로톤 Croton

크고 화려한 잎 때문에 인기 있는 관엽식물 중 하나이다. 대부분 잎이 도톰하고 색깔이 화려하며 광택이 나는 것이 특징이다. 색은 빨간색 · 노란색 · 주황색 · 녹색이 혼합된 색 등이 있고, 잎은 넓은 잎 · 가는 잎 · 점박이 잎 · 쪼글쪼글한 잎 등 잎 색깔이나 크기 및 모양이 다양하다.

빛이 강하고 온도가 높을수록 생육이 왕성해지고 잎의 색채 또한 화려하고 아름다워진다. 빛이 부족하면 아랫부분의 잎이 떨어지기도 하고, 화려한 잎 색상이나 무늬가 나타나지 않고 밋밋한 초록색으로 변한다. 추위에 매우 약하므로 기온이 낮아지면 따뜻한 실내로 옮기고 물 주기 횟수를 줄인다. 분갈이는 2~3년에 한 번 봄에 한다.

여름에는 하루 두 번, 겨울에는 하루에 한 번 분무하거나 잎을 물수건으로 닦아 주면 좋다. 건조하면 깍지벌레가 생기므로 자주 창문을 열어 환기한다. 꺾꽂이 · 휘묻이 · 종자로 번식한다.

재스민

천사의나팔

크로톤

크로톤

클레로덴드럼 Clerodendrum

원산지 서아프리카 **과명** 마편초과 **햇빛** 반직사광선 **물 주기** 화분 표면의 흙이 마르면 충분히 준다. **공중 습도** 건조할 때 분무한다. **월동 온도** 13℃

짙은 녹색에 잎맥 선이 뚜렷한 잎 사이로 흰색의 화포 속에 빨간 종 모양을 한 특이한 꽃이 주렁주렁 달린다. 보통 클레로덴드럼 톰소니아Clerodendrum Thomsoniae 품종이 꽃송이가 많이 달리고 꽃이 피면 오래 지속되므로 실내 식물로 인기가 많다. 꽃은 1년 내내 피고 지고를 반복한다. 빛이 부족하면 꽃이 피지 않으므로 반직사광선에 두고 키워야 한다. 물은 봄~여름까지는 화분 표면의 흙이 마르면 충분히 준다. 고온다습한 환경을 좋아하므로 분무기로 물을 자주 뿌려 주고 겨울에는 물을 좀 더디게 주며, 추위에 약하므로 온도가 13℃ 이상 되는 곳에 두어야 한다. 분갈이는 매년 봄에 해 준다.

덩굴성 식물이므로 바구니에 심어 걸어 두거나 원하는 모양의 틀을 만들어 심으면 실내를 풍성하고 푸른 공간으로 연출할 수 있다. 잎이 축 늘어질 때는 물을 충분히 주고 분무기로 물을 뿌린 뒤 비닐을 씌워 두면 싱싱하게 살아난다. 꽃이 지고 난 뒤 지저분한 줄기를 잘라 주면 새로운 가지가 자란다. 잎이 많으면 꽃이 피지 않으므로 잎을 따 준다.

틸란드시아 시아네아 Tillandsia cyanea

원산지 에콰도르, 열대 아메리카 **과명** 파인애플과 **햇빛** 반직사광선 **물 주기** 토양이 바싹 마르면 준다. **공중 습도** 건조할 때 수시로 분무한다. **월동 온도** 10℃

꽃이 아름다운 소형종으로, 꽃대가 비스듬하게 자라는 고산성 착생 식물이다. 잎 길이는 30cm, 폭은 1cm 정도로 약간 두껍고 가시가 없다. 분홍색 화포 사이에 청색 또는 청자색 꽃이 순차적으로 피고 한 달 이상 유지된다. 공중 습도가 높은 편이 생육에 좋다. 추위에는 약하다.

꽃이 지면 분홍색 화포를 즉시 잘라 준다.

파키라 Pachira

원산지 열대지방, 열대 아메리카 **과명** 물밤나무과 **햇빛** 반직사광선 **물 주기** 화분의 겉흙이 마르면 충분히 준다. **공중 습도** 겨울철 건조 시 잎에 분무해 준다. **월동 온도** 13℃ 이상

꼬인 모양 또는 볼록하게 호리병처럼 생긴 줄기에 5~6개의 잎이 손바닥을 편 모양으로 달린다. 잎 모양이 크고 시원해 보여 개업 선물용으로 많이 이용된다. 꽃은 분홍색을 띠며 크고 아름답다. 이산화탄소 제거 능력이 뛰어난 공기 정화 식물이다.

밝은 곳에 두고 충분한 빛을 받으면 꽃이 잘 피고 잘 자란다. 물은 화분의 겉흙이 마르면 충분히 준다. 그늘에서도 잘 자라고 건조에 강한 편이나, 겨울철에는 최소 10℃ 이상 유지하고 물을 더디게 주며 분무기로 잎에 자주 분무를 해 주어 습도를 높인다. 5~9월 사이에 잎이 떨어진 줄기를 5~7cm 길이로 잘라서 물에 꽂아 두면 뿌리가 내리고 잘린 줄기에서 1개월 정도 지나면 새싹이 난다.

클레로렌드럼

틸란드시아 시아네아

파키라

파키라

팔손이 Fatsia

원산지 한국, 일본 과명 두릅나무과 햇빛 반직사광선 물 주기 흙이 마르면 충분히 준다. 공중 습도 건조할 때 분무한다. 월동 온도 0℃

우리나라 자생식물로 상록성 활엽관목이다. 물이 잘 빠지는 경사지고 햇볕이 잘 드는 곳에서 자란다. 나무껍질은 잿빛을 띤 흰색이고, 잎은 광택이 나는 진녹색이며, 8개로 갈라진 손바닥 모양으로 가장자리에 톱니가 있다. 꽃은 11월에 흰색으로 피고, 이듬해 5월에 열매가 검게 익는다. 음지와 저온에 강해 겨울철 실내 조경 식물로 많이 이용된다. 또한 음이온을 발생시키는 식물로 공해에도 비교적 강하다.

포인세티아 Poinsettia

원산지 멕시코 과명 대극과

여러해살이 목본 식물로, 잎은 빨간색을 비롯해 분홍·연두·아이보리 등이 있으며 모양도 다양하다. 빨간 포인세티아는 봄~가을까지 잎이 초록색을 띠다가 10월경 일조시간이 짧아지면서 붉게 물들고, 12월경에 붉게 변한다. 하지만 형광등이 비치는 밝은 실내에서는 일조시간이 길어져 잎사귀가 붉어지지 않는다. 양지 식물이므로 햇빛을 충분히 쬐어 주고, 한여름 직사광선에는 잎이 타 들어 가므로 오전에만 햇빛이 드는 곳에 둔다. 재배 적온은 16~25℃, 최저 한계 온도는 10℃이다. 열대식물이어서 추위에 약하고, 5℃ 이하에서는 잎이 거의 떨어진다. 난방 기구의 온풍에 직접 닿지 않도록 주의하고, 낮에는 환기를 해야 웃자라지 않는다.

토양은 배수가 잘되는 펄라이트·피트모스·마사토 등을 혼합한 것이 알맞다. 물은 겉흙이 말랐을 때 넉넉하게 주어 약간 습하게 한다. 꽃이나 잎에 물이 닿으면 얼룩이 지면서 떨어지고, 습도가 지나치게 높으면 잎이 노랗게 되므로 물이 고이지 않도록 주의한다.

봄~가을까지 월 1회 액체 비료를 주면 잎에 윤기가 난다. 줄기를 굵게 하려면 칼리 비료나 초목회 등을 물에 타서 준다. 건조한 실내에서 통풍이 안 되면 잎 뒷면에 온실가루이나 총채벌레가 잘 생기므로 환기를 자주 한다. 번식은 꺾꽂이로 하며, 4월 중순에서 9월 사이에 가지를 6~9*cm* 길이로 잘라 삽목한다. 이때 단면에서 나오는 유액을 물에 씻은 뒤 흙에 꽂는다. 유액을 씻지 않으면 응고되어 뿌리가 나오지 않으며, 민감성 피부에 닿으면 염증을 일으킬 수 있다. 삽목한 뒤 반직사광선에 두면 약 1개월 뒤에 뿌리가 내린다. 작게 키우려면 30*cm* 정도 자랐을 때 자르고, 자른 가지는 삽목한다. 7월경 새 가지 끝을 조금 잘라 주면 가지가 많이 나와 풍성해진다.

Tip 싱싱한 포인세티아 고르기

· 화분 밑으로 뿌리가 나와 있는 것이 튼튼하다.

· 화분을 들었을 때 가벼운 것보다 무거운 것이 좋다. 가벼운 것은 토양이 한 번 건조해진 것이다.

· 셀로판지에 싸여 있는 포인세티아는 아래쪽 잎이 누렇거나 곰팡이가 있는지 확인한다.

· 줄기는 굵고 많은 것을 고른다.

팔손이

팔손이

포인세티아

포인세티아

폴리시아스 Polyscias

원산지 열대아시아　과명 두릅나무과　햇빛 반직사광선　물 주기 흙이 말랐을 때 충분히 준다.　공중 습도 잎에 자주 분무한다.　월동 온도 13℃ 이상

얇고 가는 여러 갈래의 잎이 새 깃털처럼 부드럽고 우아한 상록성 나무로 키가 4m까지 자란다. 가지가 불규칙적으로 올라가서 재미 있는 모양을 연출할 수 있다. 실내의 밝은 곳에 두면 잘 자라지만 직사광선은 피하고, 위치를 자주 바꾸면 좋지 않다. 줄기가 굵으므로 물은 흙이 말랐을 때 충분히 준다.

　건조하면 잎 가장자리가 갈색으로 변하므로 분무기로 물을 자주 뿜어 습도를 높여 준다. 추위에 약하므로 겨울철에는 13℃ 이상의 온도에서 물을 조금 더디게 준다. 실내에서는 어느 정도의 조명 시설만으로도 잘 자란다. 분갈이는 2년마다 봄에 한다. 잎이 둥근 파비안 fabian 품종도 있다.

필레아 글라우카 Pilea Glauca (유통명 : 타라)

원산지 남아메리카　과명 쐐기풀과　햇빛 반직사광선　물 주기 흙이 바싹 마르면 준다.　공중 습도 건조할 때 분무한다.　월동 온도 5℃

'타라'라고도 부른다. 은빛을 지닌 작고 귀여운 잎이 늘어져서 장식용으로 활용도가 높다. 잎이 두껍고 줄기가 굵어서 물을 더디게 주는 종류의 식물이다. 빛이 없는 곳에서 물을 많이 주면 식물 전체가 물러 버려 잎이 우수수 떨어진다. 번식은 줄기를 잘라 흙에 꽂거나 포기나누기를 한다.

헤마리아 Haemaria discolor

원산지 열대아시아　과명 난초과　햇빛 반직사광선　물 주기 흙이 바싹 마르면 충분히 준다.　공중 습도 잎에 자주 분무한다.　월동 온도 10℃ 이상

잎 길이가 5~6cm, 너비가 3cm 정도 되는 작은 식물이다. 잎은 난처럼 약간 두껍고 붉은 색이 도는 짙은 녹색에 밝고 불그스름한 줄이 세로로 여러 개 나 있다. 뒷면은 붉은 색이며 모양이 특이하고 귀엽다. 겨울철에 흰색의 작은 꽃들이 핀다. 반직사광선에서 두고 기르면 잘 자라고 물은 화분의 흙이 말랐을 때 충분히 준다. 공중 습도는 약간 다습하게 유지해야 하므로 잎에 물을 자주 뿌려 준다. 겨울철에는 추위에 약하므로 최소 10℃ 이상 되는 곳에 두어 겨울을 날 수 있도록 한다. 작은 식물이므로 단독으로 기르기도 하고, 여러 식물을 모아 심어 연출할 때 컬러 변화를 주는 용도로도 좋다.

호야 Hoya

원산지 열대 지방　과명 박주가리과　햇빛 직사광선~반직사광선　물 주기 흙이 바싹 마르면 준다.　공중 습도 건조할 때 분무한다.　월동 온도 10℃

덩굴성 상록 여러해살이풀로, 녹색 바탕에 흰색과 노란색 무늬가 있는 타원형의 작은 잎이 마주 나며 광택이 있고 두껍다. 잎자루는 짧다. 공중뿌리가 나와 나무나 바위에 붙어 2m까지 자란다. 꽃은 5월에 흰색의 작은 꽃들이 뭉쳐 둥글게 피며 중심 부분은 붉은빛을 띤다. 생육 적온은 20~25℃이고, 무늬가 있는 종은 무늬가 없는 종보다 추위에 약하고 햇빛도 많이 필요로 한다. 잎이 두꺼워 수분을 저장하므로 다습하면 물러 버린다. 봄부터 가을에는 겉흙이 바싹 마르면 주고, 겨울에는 건조한 상태를 유지한다. 번식은 줄기를 2마디 잘라 흙에 꽂는다. 꽃봉오리가 필 때 화분을 자주 이동하면 꽃봉오리가 떨어진다. 종류로는 하트 호야 Heart Hoya 등이 있다.

폴리시아스(위), 폴리시아스 파비안Polyscias fabian(아래)

필레아 글라우카

헤마리아

호야(위), 하트호야(아래)

초화류

꽃이 피는 풀을 말하며, 재배 습성에 따라 한해살이 · 두해살이 · 여러해살이 초화류로 나눈다. 그러나 지역에 따라서 어떤 곳에서는 한해살이지만 더 따뜻한 지역에서는 두해살이 또는 여러해살이 초화인 경우도 많으므로 여기서는 우리나라를 기준으로 분류하기로 한다.

초화류의 종류

한해살이 초화류

종자로부터 발아하여 꽃이 피고 종자를 맺고 죽을 때까지의 기간이 1년 이내인 초화류를 말한다. 프리뮬러 · 백일홍 등은 우리나라에서는 한해살이 초화류지만 겨울이 따뜻한 지방에서는 여러해살이 초화류이다.

춘파 한해살이 초화

봄에 파종하여 여름 또는 가을에 개화하고 씨앗을 맺는 종류이다. 원산지는 열대~아열대이며 추위에 약해 월동이 되지 않는다. 적온은 20~25℃이며 단일 조건에서 꽃이 핀다. 사르비아 · 한련화 · 분꽃 등은 온대 지방에서는 한해살이지만 따뜻한 곳에 두면 겨울에도 죽지 않고 꽃을 계속 피우다가 이듬해 봄에 다시 생장하므로 여러해살이로 재배할 수 있다. 나팔꽃 · 봉선화 · 해바라기 · 루드베키아 · 아게라텀 등이 있다.

추파 한해살이 초화

가을에 파종하여 봄에 개화하는 종류이다. 원산지는 온대 지방이며, 월동 후에 봄에 꽃이 피고 비닐하우스에서 재배하여 이른 봄에 이용한다. 한 번 추위를 겪어야 개화가 된다. 칼세올라리아 · 팬지 · 데이지 · 시네라리아 · 금어초 · 금잔화 · 꽃양배추 · 루피너스 · 리시안셔스 · 공작초 · 고데치아 · 스위트피 · 석죽 · 양귀비 등이 있다.

두해살이 초화류

파종 후 1년 지난 뒤 개화하여 결실하고 죽는다. 원산지는 온대 지방이며 추위를 겪고 장일 조건이 되었을 때 꽃이 핀다. 디기탈리스 · 캄파눌라 · 수레국화 · 접시꽃 등이 있다.

여러해살이 초화류

종자로부터 발아하여 생육 후 개화 · 결실한 뒤 겨울 동안 죽지 않고 뿌리는 여러 해 동안 살아남아서 매년 꽃을 피우며, 숙근초라고도 한다. 원산지는 온대 지방이며 지상부는 죽고 뿌리만 살아남는다. 옥잠화 · 금낭화 · 모스핑크 · 범부채 · 매발톱꽃 · 백묘국 · 아가판셔스 · 아스클레피아스 · 피소스테키아 등이 있다.

초화류의 재배 관리

토양

물 빠짐이 좋은 모래 · 밭흙 · 인공 토양이 좋다. 물 빠짐이 제대로 되지 않으면 뿌리가 썩기 쉽다.

광선

꽃을 피우려면 햇빛이 많이 필요하다. 직사광선~반직사광선.

비료

꽃을 피우는 식물이므로 비료를 충분히 준다. 밑거름으로는 꽃을 심기 전 퇴비 · 깻묵 · 계분 · 부엽토 · 골분 등을 고루 섞어 잘 썩힌 유기질 비료를 충분히 주고, 웃거름으로는 월 2회 인산칼리와 황산암모늄 등 화학비료를 준다.

지주 세우기

키가 크면 바람이나 비에 쓰러지기 쉬우므로 키가 30㎝ 정도 되면 받침대를 세워 고정해 준다.

병충해

시든 꽃은 물에 닿으면 곰팡이가 잘 발생하므로 꽃이 시들면 즉시 잘라 준다.

순지르기(적심)

한 가지에서 여러 개의 가지와 꽃을 피울 목적으로 줄기 끝의 생장점을 제거하는 것이다. 식물이 자랄 때 순지르기를 하면 키가 작아져 균형 잡힌 모양을 만들 수 있다. 순지르기를 하면 가지가 생기며 꽃이 많이 핀다. 여러해살이 초화류의 경우에는 순지르기를 하여 모양을 잡아 줄 필요가 있다.

줄기 잘라 주기

장마가 오기 전에 키의 1/3 정도를 잘라 주면 키가 작아져 비바람에 쓰러지지 않으며 곁가지가 많아져 가을에 꽃이 많이 핀다. 포기에 흙탕물이 튀지도 않는다.

과꽃 Aster

원산지 중국 북부, 만주　**과명** 국화과

중국 북부와 만주가 원산지인 국화과 식물이다. 4월 중순에 파종하여 7~9월에 꽃이 핀다. 꽃 색은 흰색·분홍색·빨간색·자주색·남색 등이 있으며, 절화용과 화단용으로 이용된다. 여름부터 가을까지 꽃이 피며, 높이는 25~120cm까지 자란다. 습기에 약해서 고온다습한 곳에서는 병충해가 잘 발생하므로 주의한다. 건조한 곳에 알맞은 화단용 꽃이다. 많은 비료가 필요하며 특히 인산·칼륨·비료를 주면 꽃송이가 풍성해진다. 물이 잘 빠지는 사질 양토에서 잘 자라며 유기물이 많은 토양을 좋아한다. 산성 토양에서는 생육이 좋지 않으므로 석회를 넣어 토양 산성화를 막는다.

　매년 같은 장소에 심으면 잘록병·시듦병·응애 등 병충해를 입을 수 있으므로 돌려짓기 해야 한다. 생육 적온은 20~25℃이다.

과꽃 Aster

꽃베고니아 Begonia semperflorens

원산지 브라질   과명 베고니아과

열대 및 아열대 지방에 약 2천여 종 이상이 있다. 종류는 잎을 관상하는 관엽베고니아, 꽃을 감상하는 꽃베고니아 · 구근베고니아로 나눌 수 있다.

높이는 15*cm* 정도로 자라고 잎은 둥글고 광택이 난다. 잎 위로 작은 꽃송이가 다닥다닥 붙어서 피며, 빨간색 · 분홍색 · 흰색 등 색깔이 다양하다. 밝고 통풍이 잘되는 곳에서는 거의 1년 내내 작고 아담한 꽃이 피며, 밝은 곳에 두고 키워야 꽃 색깔이 예쁘고 모양도 좋다. 고온에 약하므로 특히 여름철 환기 관리에 유의하고, 너무 습하면 썩기 쉬우므로 장마철에는 약간 건조하게 키운다. 또한 추위에 약하므로 겨울철에도 최소 10℃ 정도는 유지해 주어야 견딜 수 있다.

봄~가을까지는 실외에서 키우고 늦가을에 실내로 들여오면 여러해살이로 키울 수 있다. 물은 흙이 바싹 말랐을 때 준다. 한여름 광선이 강하면 붉은 색소가 나와 잎의 색상과 꽃의 색상이 더 짙어진다. 그러나 흰색 꽃은 변화가 없다. 번식은 줄기꽂이, 포기나누기로 한다. 분갈이는 5~6월 경에 뿌리에서 흙을 털고 오래된 뿌리는 잘라 내고 새 흙에 심는다.

니겔라 Nigella

원산지 남유럽   과명 미나리아재비과

깃털 같은 잎에 청색 또는 흰색 꽃이 피며, 꽃이 아름다워 유럽에서는 화단에 많이 심는다. 꽃이 진 뒤에는 지름 1*cm* 정도의 둥근 갈색 꼬투리가 생겨나 화단을 예쁘게 만들어 준다. 꼬투리 속에 검은 종자가 들어 있고 드라이플라워로도 이용된다. 열매가 검은색을 띠어 '흑종초黑種草'라고도 부른다. 햇빛이 잘 들고 배수가 잘되며 공기가 잘 통하는 곳에서 잘 자라고 유기질이 풍부한 토양을 좋아한다.

디아스치아 Diascia

원산지 남아프리카   과명 현삼과

원산지에서는 여러해살이풀이므로 10월말 경에 햇빛이 있는 실내로 들여오면 여러 해 동안 재배가 가능하다. 직사광선이 잘 들고 배수가 잘되며 유기질이 풍부한 토양을 좋아한다. 직사광선에 내놓으면 줄기가 짧고 튼튼해지며 꽃 색상도 선명해진다. 그러나 반직사광선에 두면 줄기가 가늘게 늘어진다.

디아스치아

니겔라

꽃베고니아

맨드라미 Cockscomb

원산지 열대지방 **과명** 비름과

직사광선·더위·건조에 강해서 여름이나 가을에 화단에 심으면 좋다. 꽃은 노란색·흰색·연두색·빨간색 등 다양하며, 7~11월까지 편평한 꽃줄기에 자잘한 꽃들이 모여 핀다. 4월 하순에 파종하며, 옮겨심기를 싫어하므로 직접 화단에 심는다. 키가 너무 크면 순지르기를 하여 곁가지가 많이 나오게 한다. 화단용·절화용·분화용으로 이용한다.

메리골드 Marigold

원산지 멕시코 **과명** 국화과

'만수국' 또는 '천수국'이라고도 부른다. 5월에 씨를 뿌리고 초여름~늦가을 서리가 내릴 때까지 지속적으로 꽃이 피어 화단용으로 좋다. 절화용과 화단용을 구분해서 재배하며, 꽃은 황색·주황색·적갈색 등이 있고 가지가 많고 꽃도 풍성하다. 점질토양과 사질토양 등 물이 잘 빠지고 건조한 곳에서 잘 자라며 햇빛을 좋아한다. 생육 적온은 15~20℃로 고온에 약하고 저온에는 강하다.

　밑거름을 충분히 주고 덧거름을 월 2회 정도 주면 꽃이 많이 피고 포기도 커진다. 장마가 오기 전에 꽃을 따고 순지르기 하면 서리 오기 전까지 꽃이 핀다. 그러나 질소질 비료가 지나치게 많으면 꽃 수가 줄고 개화도 늦어진다. 번식은 종자 번식 또는 꺾꽂이로 한다. 꺾꽂이는 줄기를 7cm 정도 잘라 토양에 꽂고, 꽃이 진 뒤 꽃송이가 검게 변하면 씨를 받아 2~3일 동안 말렸다가 씨만 골라 낸다. 1년 이상 묵은 씨앗은 발아하지 않으므로 반드시 전년에 채종한 것을 쓴다. 잎에서 강한 냄새가 나서 벌레가 꾀지 않아 채소와 함께 심으면 상생 효과를 볼 수 있다. 또 뿌리에서 토양 선충을 막는 성분이 나와서 뿌리채소 주변에 심어도 좋다.

백일홍 Zinnia

원산지 멕시코, 중남미 **과명** 국화과

꽃이 100일 동안 핀다고 해서 붙여진 이름이다. 키는 20~150cm 이상 자라고, 6~10월에 하늘색·녹색·흰색·노란색·빨간색·자주색 등의 꽃이 핀다. 햇빛이 잘 드는 곳에 두면 꽃이 많아지고 생육 적온은 25~30℃로 가을에 피는 꽃의 색상이 더 선명하다. 꽃이 피기 시작할 때 줄기를 자르지 않으면 꽃이 작아지고 모양도 나빠지므로 순지르기를 한다. 개화 기간이 길고 건조한 기후와 장마철 기후에 모두 강해 여름을 대표하는 꽃이다. 배수가 잘되고 유기질이 풍부한 토양에서 재배하고 산성 토양은 피한다. 비료는 많이 주고, 밑거름으로는 두엄·소똥·닭똥이 적당하다. 화단용·분화용·절화용으로 두루 쓰인다.

　4~5월에 씨앗을 뿌리면 7~8월에 꽃이 핀다. 여름꽃은 6~7월에 씨앗을 뿌리면 9~10월에 꽃이 핀다. 가을꽃은 씨앗을 한 번에 뿌리지 않고 나누어 뿌리면 늦가을까지 꽃을 볼 수 있다.

맨드라미

메리골드(위), 장작 사이에 심은 메리골드(아래)

백일홍

버베나 Verbena hybrida cv. Tapian

원산지 열대 아메리카 **과명** 마편초과

원산지에서는 여러해살이풀이다. 더운 지방에서는 가을에, 추운 지방에서는 4월 상순~중순에 씨를 뿌린다. 높이는 12~30㎝ 정도로 땅에 덩굴처럼 뻗어나간다. 순지르기를 해 주면 여러 개의 가지를 뻗고 무성하게 자라서 큰 포기가 된다. 잎은 짧고 털이 나 있어서 흙이나 먼지가 묻기 쉬우므로 물을 줄 때 잎에 흙이 튀지 않도록 특별히 주의한다. 꽃은 흰색·분홍색·빨간색·보라색 등이 있으며, 작은 꽃이 덩어리로 핀다. 온실이나 따뜻한 남부 지방에서는 뿌리가 살아남아 있어 이듬해 다시 싹이 나온다.

빈카 Vinca

원산지 열대아시아 **과명** 협죽도과

원산지에서는 여러해살이 반관목성이다. 꽃 수명이 하루 정도 피었다 시들어서 '일일초日日草'라고도 불리지만, 꽃의 수명은 3일 정도이다. 뿌리는 직근(直根, 곧은 뿌리)이어서 옮겨 심는 것을 좋아하지 않으므로 5월 상순에 씨를 뿌린다. 화단에 심으면 저절로 포기가 퍼지므로 간격을 넓게 만든다. 물은 충분히 주는 것이 좋지만, 다습하면 곰팡이가 발생할 수 있으므로 주의한다. 적온은 15~30℃이고 여름철 고온에 강하며, 가을까지 화단에서 키우고 늦가을에 실내에 들여놓는다. 베란다나 햇빛이 잘 들어오는 창가에 두고 덧거름으로 깻묵을 물에 타서 10일에 한 번씩 주면 꽃이 계속 핀다. 또한 순지르기를 하면 곁가지가 많이 나와 꽃이 많이 핀다

설악초 Euphorbia Marginata

원산지 북아메리카 온대 지방 **과명** 대극과

북아메리카 온대 지방이 원산지인 대극과 한해살이 초화류이다. 멀리서 보면 꽃과 잎이 마치 눈이 내린 것처럼 하얗다고 해서 붙여진 이름이다. 화단에 무리지어 심으며 여름~가을 화단용 식물로 좋다. 아래쪽 잎은 녹색, 위쪽 잎은 흰색이다. 꽃은 7~11월에 포엽 안쪽에 흰색으로 핀다. 햇빛이 잘 들고 배수가 잘되는 토양에서 잘 자란다. 한 번 심으면 씨앗이 떨어져 매년 싹이 나와 자라며, 줄기꽂이로도 번식한다. 줄기를 자를 때 나오는 하얀 액은 알레르기를 유발할 수 있으므로 피부에 닿거나 눈에 들어가지 않도록 주의한다.

오점 네모필라 Nemophila

원산지 미국 캘리포니아 **과명** 히드로필라과

미국 캘리포니아가 원산지이며, 봄에 파종하는 한해살이풀이다. 꽃잎에 점이 5개가 있어 붙여진 이름이다. 줄기와 잎은 부드러운 털로 덮여 있다. 줄기는 곁가지를 많이 치며, 4~5월에 지름 2㎝의 하늘색 꽃이 피는데, 팬지나 데이지처럼 색깔이 화려한 꽃들과 함께 심으면 눈에 띄게 아름다운 화단을 꾸밀 수 있다. 온실에서 월동한 것은 3월 하순에 화단에 옮겨 심으면 꽃이 일찍 피고, 노지에서 파종한 것은 꽃이 늦게 피고 진딧물이 생긴다.

버베나

빈카

설악초

오점 네모필라

채송화 Portulaca

원산지 브라질 **과명** 협죽도과

브라질이 원산지인 협죽과 초화류이다. 여름 화단용으로 키우며, 6월 중순부터 서리가 내릴 때까지 꽃이 핀다. 꽃은 흰색·노란색·담홍색·자주색·혼합색이 있으며, 홑꽃과 겹꽃이 있다. 햇빛이 많은 곳을 좋아하여 꽃은 햇빛이 있는 낮에만 피고, 흐리거나 비가 오면 피지 않는다. 고온건조에 강하며 햇빛이 많은 곳을 좋아한다. 한여름에는 매일 저녁 물을 준다. 종자가 떨어져 이듬해 싹이 나서 꽃이 피며 번식한다. 줄기가 5~10cm 자랄 때 순지르기 하면 곁가지가 많이 나와 포기가 커지고 꽃도 많이 핀다.

천인국 Gaillardia

원산지 북아메리카 **과명** 국화과

북아메리카가 원산지인 국화과 춘파 한해살이풀이다. 노란색 꽃이 코스모스와 닮았으며 관상용으로 많이 심는 식물이다. 꽃은 6월부터 서리가 내릴 때까지 계속 핀다. 양지바르고 배수가 잘되는 토양에 심어 유기질 비료를 넉넉히 주어야 꽃이 많이 핀다. 9월 또는 4월 중순에 포기나누기를 한다. 재생력이 강해 잘린 뿌리에서도 싹이 잘 튼다.

천일홍 Comphrena

원산지 미국 **과명** 비듬과

미국이 원산지인 비듬과 춘파 한해살이풀이다. 1천 일 동안 시들지 않는다고 하여 '천일홍'이라고 부른다. 꽃은 작은 솔방울처럼 생긴 공 모양이며, 흰색·분홍색·진보라색·붉은색이 있다. 꽃이 개화한 뒤에도 떨어지지 않고, 규산질이 있어 드라이플라워로 이용되며 색이 점점 옅어진다. 곁가지가 많이 나와 한 포기에 수십 송이의 꽃이 핀다. 건조와 더위에 강한 여름 꽃으로 물이 부족한 토양에서도 잘 자란다. 장마철에 배수가 잘 안 되면 뿌리가 썩는다. 키가 작아 화단 가장자리에 심고 많은 포기를 심어야 아름답다. 서리 내릴 때까지 꽃이 피어 늦가을을 장식하는 꽃이다.

　20℃ 고온에서 싹이 트기 때문에 다른 꽃보다 늦게 5월경 파종한다. 씨앗을 뿌릴 때는 솜에 쌓여 있는 부분을 제거하고 물을 충분히 흡수시킨 뒤 뿌린다.

채송화

천인국

천일홍

콜레우스 Coleus

원산지 아시아, 아프리카, 열대 지방 **과명** 꿀풀과

원산지에서는 여러해살이지만 우리나라에서는 봄에 심는 춘파 한해살이 초화류이다. 꽃보다 잎의 색상이 화려한 식물로, 약 150종이 있으며 변종은 높이 1m까지 자란다. 잎 모양은 깻잎과 비슷하고 큰 것과 작은 것 두 종류가 있다. 색상은 빨간색·분홍색·노란색·황색·연두색·녹색 등 다양하며, 색상이 두 가지 이상인 것도 있다. 꽃은 6~10월 긴 꽃대에서 차례대로 핀다.

햇빛이 잘 드는 곳에서 재배하면 아름다운 잎을 감상할 수 있고 일조량에 따라 잎의 색상이 변한다. 고온일수록 식물체가 튼튼하고 잎의 색상이 선명해진다. 20~30℃에서 잘 자라며 최저 온도는 10℃이다. 추위에 약해 서리를 맞으면 말라 죽는다. 질소질 비료만 주면 줄기와 잎만 무성하고 포기만 커지므로 인산질 비료를 함께 주고, 월 2회 깻묵에 물을 섞은 덧거름을 준다.

줄기가 쉽게 자라므로 아래 2~3마디만 남기고 전부 순치기하면 포기가 튼튼해진다. 종자를 받으려면 꽃을 피워야 하므로 순치기하지 않는다. 봄부터 가을까지는 바깥 화단이나 화분에서, 11월 초순부터는 햇빛이 잘 드는 실내에서 키우면 여러 해 동안 감상할 수 있다.

클레오메 Cleome

원산지 남아프리카 **과명** 양각채과

남아프리카가 원산지인 양각채과 밀원 식물이다. 키가 1m 가량 자라고 포기 전체에 끈적끈적한 털이 돋아 있다. 꽃은 여름부터 가을까지 자홍색·분홍색·흰색으로 핀다. 꽃잎이 나비가 바람을 타고 있는 것 같다고 하여 '풍접화風蝶花'라고도 하고, 수술이 거미줄처럼 길게 늘어졌다 하여 '거미꽃'이라고도 한다. 4월 중순에 화단에 뿌리고 어느 정도 자라면 적당량을 솎아 준다. 비료는 밑거름으로 유기질 비료를 주고 월 1회 웃거름을 준다. 가을에 씨앗이 저절로 떨어져 이듬해 싹이 나온다. 직근성이므로 옮겨 심는 것을 싫어한다.

페튜니아 Petunia

원산지 남부 브라질 **과명** 가지과

한해살이 초화류이며, 원산지에서는 여러해살이다. 꽃은 흰색·자주색·빨간색·혼합색 등이 있고 홑꽃은 나팔꽃과 유사하다. 겹꽃은 꽃이 크나 꽃이 피는 기간이 짧고 물에 닿으면 쉽게 썩는다. 햇빛이 잘 드는 곳이 좋고, 햇빛이 부족하면 꽃의 수가 적어지고 꽃도 피지 않는다.

15~30℃가 적온이며, 햇빛이 충분한 20℃ 이상에서 여러해살이로 재배할 수 있다. 배수가 잘되고 유기질이 풍부한 토양에서 잘 자란다. 개화 기간이 길기 때문에 복합비료는 월 2회 준다. 질소 성분이 많은 비료를 주면 웃자라고 잎만 무성하며 꽃이 적게 핀다. 곁가지가 많고 꽃의 수가 많아 포기가 커지거나 모양이 흐트러질 때는 순지르기를 한다. 홑꽃은 씨를 뿌리고 겹꽃은 줄기꽂이로 번식한다. 겨울에는 10℃ 이상에서 관리하면 다시 꽃을 볼 수 있다.

콜레우스

클레오메

페튜니아

플록스 Phlox

원산지 북미 과명 꽃고비과

춘파는 4월 중순에 파종하여 7~8월에 개화하고, 추파는 9월 중순에 파종해 이듬해 5~6월에 개화한다. 키는 30~100cm로 5~10월까지 꽃이 피며, 빨간색 · 보라색 · 분홍색 · 담홍색 · 청색 등 다양하다. 꽃이 작고 풍성해서 노지용 · 화단용 · 절화용으로 이용되고 번식이 잘된다. 여름철 가뭄에 약해 습기가 많은 토양에서 재배한다. 햇빛이 부족하면 꽃이 피지 않고, 한여름에는 고온에 약하다. 통풍이 안 되면 갈반병이 발생하여 잎이 말라 떨어진다. 11월경 뿌리 주위에 퇴비와 깻묵 등 유기질 비료를 주면 새 뿌리가 올라와 다시 꽃이 핀다.

봄에 새순이 10cm 자랐을 때 가지치기 하면 모양도 좋고 곁가지가 많이 나와 바람에 쓰러지지 않는다. 3~4년이 되면 포기가 약해지므로 10월경 캐서 5~6개 눈을 붙여 포기나누기를 한다.

헬리크리섬 Helichrysum (유통명 : 종이꽃)

원산지 아프리카, 호주 과명 국화과

아프리카와 호주가 원산지인 국화과 춘파 한해살이풀이다. 절화용과 화단용으로 두루 이용되며, 6~9월에 꽃이 핀다. 꽃은 원래 노란색을 띠지만 흰색 · 빨간색 · 주황색 · 분홍색 등 개량종도 있다. 꽃잎에 규산질을 함유하고 있어 건조한 곳에서도 오랫동안 모양과 색을 유지하기 때문에 드라이플라워로 인기가 높다.

만지면 바스락거린다고 해서 '바스라기꽃' 또는 '밀짚꽃'이라고도 한다.

플록스

헬리크리섬

플록스

가자니아 Gazania

원산지 아프리카 **과명** 국화과

아프리카가 원산지인 국화과 추파 한해살이풀이다. 잎 폭이 좁고 뒷면에는 흰색 털이 나 있다. 7월부터 중심부에서 순황색 꽃이 선명하고 화려하게 피어 여름 화단용으로 이용된다. 저녁이 되면 꽃이 오므라드는 특성이 있다. 햇빛이 잘 들고 통풍이 잘되는 곳에서 잘 자라며, 한겨울에는 햇빛이 잘 드는 실내에서도 재배 가능하다. 건조한 기후와 고온에 강하며 저온다습한 환경에서는 흰가루병이 생긴다.

디모르포테카 Dimorphotheca

원산지 남아프리카 **과명** 국화과

남아프리카가 원산지인 국화과 식물로, 원산지에서는 여러해살이지만 우리나라에서는 추파 한해살이풀이다. 높이는 30~50cm 정도로 자라며, 4~5월에 지름 4~5cm의 꽃대 끝에 등홍색 꽃이 달린다. 햇빛이 내리쬐는 낮에 꽃이 피고 오므라든다. 강한 산성과 지나친 습기를 싫어하고 배수가 잘되는 곳에서 잘 자란다. 금잔화와 비슷하다고 하여 '아프리카 금잔화' 또는 '아프리카 데이지'라고도 불린다.

로단테 Rhodanthe (유통명 : 종이꽃)

원산지 호주 **과명** 국화꽃

호주가 원산지인 국화과 한해살이풀이다. 9월에 파종하여 온실이나 비닐하우스에서 겨울을 지낸 뒤 3~4월에 꽃이 피는데, 연한 분홍색 또는 진분홍색을 띤다. 얇은 종이처럼 반투명한 꽃잎은 바삭바삭하고, 작고 연약해 보이는 모습이 마치 조화 같은 착각이 들게 하며 드라이플라워로 이용하기에 적당하다. 저온성 식물로 8~20℃가 적온이고, 햇빛이 잘 들고 통풍이 잘되는 곳에서 잘 자란다. 토양은 배수가 잘되며 부식질이 많이 함유된 사양토가 좋다. 꽃을 오랫동안 감상하려면 겉흙이 말랐을 때 물을 충분히 주고, 꽃에 물이 닿지 않도록 주의한다.

물망초 Meosotis

원산지 유럽 **과명** 지치과

유럽이 원산지인 지치과 식물로, 원래는 여러해살이 풀이지만 우리나라에서는 추파 한해살이풀이다. 흰색과 진한 하늘색의 작은 꽃들이 여러 개 핀다. 건조한 장소를 싫어하고 수분을 좋아하므로 물을 자주 주어야 하며, 햇빛이 잘 드는 곳에서 키운다. 통풍이 잘되는 곳을 좋아하므로 베란다에서 재배할 때는 문을 자주 열어 환기한다. 키가 작아 화단 둘레에 심기 적당하다. 또한 화분에서 키우면 분 전체가 꽃으로 덮여서 매우 아름답다.

가자니아

디모르포테카

로단테

물망초

솔잎금계국 Coreopsis Verticillata

원산지 열대 아프리카 **과명** 국화과

열대 아프리카가 원산지인 국화과 식물이다. 꽃이 솔잎처럼 가늘어서 '솔잎금계국'이라고 한다. 가을철 국화 대용으로 키우는 꽃으로, '선빔sunbeam'이라고도 부른다. 여름부터 늦가을까지 흰색·노란색·분홍색 등의 꽃이 핀다. 햇빛이 잘 들고 물 빠짐이 좋은 모래 참흙에서 자란다. 꽃대가 길고 가늘어 화단용과 화분용으로 적당하다. 장마 때 핀 꽃을 잘라 내면 꽃이 다시 핀다. 장기 개화형 품종은 꽃이 질 무렵 꽃대를 잘라 주면 2~3주 뒤 다시 꽃이 피며, 비료를 충분히 주면 많은 꽃이 활짝 핀다. 봄에 싹이 틀 때와 꽃이 진 뒤에 땅을 얕게 파서 퇴비를 주면 꽃이 풍성해지고 늦가을까지 꽃을 감상할 수 있다. 퇴비는 충분히 주고 덧거름은 월 2회 준다. 따로 파종하지 않아도 씨앗이 떨어져 이듬해 꽃이 핀다.

수레국화 Centaurea

원산지 남부 유럽 **과명** 국화과

남부 유럽이 원산지인 국화과 추파 한해살이 초화류이다. 키는 30~90cm이고 가지는 흰 솜털로 덮여 있다. 꽃의 색깔은 흰색·빨간색·자홍색·청색 등 다양하다. 양지바르고 배수가 잘 되는 곳에서 잘 자란다. 약간 메마른 흙에 심어야 잎이나 줄기가 웃자라지 않는다. 질소 비료를 많이 주면 잎은 무성하지만 꽃이 많이 피지 않는다.

안젤로니아 Angelonia

원산지 중앙아메리카 **과명** 현삼과

중앙아메리카가 원산지인 현삼과 추파 한해살이풀이다. 12월부터 이듬해 4월 사이에 파종하면 5~11월에 꽃이 핀다. 작은 꽃들이 옹기종기 무리지어 피며, 높이는 30cm 정도로 자란다. 개화 기간이 길어 화단용이나 화분용으로 적당하다. 생육 적온은 18~25℃이며, 햇빛이 많고 물 빠짐이 잘 되는 곳에서 잘 자라며 고온건조에 강하다. 흰색·진분홍색·보라색 등 색상이 다양하여 색깔별로 모으거나 섞어서 심으면 화려한 정원을 꾸밀 수 있다.

알리섬 Alyssum

원산지 지중해 **과명** 십자화과

지중해가 원산지인 십자화과 식물로, 냉이 잎과 비슷해서 '뜰냉이'·'애기냉이꽃'이라고도 부른다. 봄부터 가을까지 흰색·연분홍색·붉은색·보라색 꽃이 가지 끝에 핀다. 양지바르고 배수가 잘 되는 곳에서 잘 자라며, 물을 많이 필요로 하지만 습기가 많은 것은 좋지 않다. 번식은 종자 또는 줄기꽂이로 하며, 가을에 파종하여 서리만 피한다면 봄에 파종한 것보다 포기가 크고 아름다운 꽃을 초봄부터 볼 수 있다. 높이가 낮아 바위 정원이나 화단 가장자리를 장식하는 데 좋다.

솔잎금계국

수레국화

안젤로니아

알리섬

캄파눌라 Campanula

원산지 남부 유럽 **과명** 초롱꽃과

초롱꽃과의 여러해살이풀로, 꽃이 종 모양으로 생겨서 '종꽃'이라고도 한다. 15~20℃가 적온이며, 추위에 강해 0~5℃의 양지바른 곳에서도 월동한다.

햇빛이 잘 들고 배수가 잘되며 서늘하고 건조한 곳에서 잘 자란다. 여름에 고온다습하면 잎이 녹거나 입고병에 걸려 어린 묘가 죽고 뭉그러지므로 서늘한 반직사광선에 두고, 장마철에 비를 맞지 않도록 한다. 물은 겉흙이 마르면 주고, 꽃잎이 얇고 연약하므로 물이 닿지 않도록 한다. 습기가 많으면 누런 잎이 생기고 뿌리가 썩는다. 추위를 한 번 겪어야 꽃대가 올라오고, 시든 꽃을 제거하면 꽃봉오리가 계속 올라온다. 번식은 종자 또는 포기나누기로 하고, 가을에 포기를 나누어 심으면 이듬해 꽃이 많이 핀다. 밑거름으로 퇴비를 주면 꽃이 계속 핀다. 키가 크거나 작은 것, 아래로 늘어지는 것은 공중걸이로 이용한다.

프리뮬러 Primular

원산지 중국, 유럽 **과명** 앵초과

중국과 유럽이 원산지인 앵초과 식물로, 전 세계에 약 800여 종이 있다. 원산지에서는 산야 습지대에 야생하는 여러해살이풀이지만, 우리나라에서는 추파 한해살이 초화류로 분류된다. 뿌리에서 잎이 나오며 가장자리에 잔 톱니가 있다.

이른 봄을 대표하는 꽃으로, 흰색·자주색·분홍색·빨간색 등 색상과 모양이 다양하고, 화분이나 화단에서 관상용으로 많이 재배한다. 반직사광선에서 키우며, 햇빛이 부족하면 꽃이 적게 피고 크기가 작아지며 색상도 선명하지 않다. 겨울에는 햇빛이 잘 드는 창가에 두고, 햇빛을 골고루 받도록 일주일에 한 번씩 화분의 방향을 돌려 주는 것이 좋다. 그러나 여름철에는 강한 광선이 들지 않는 반직사광선에 두고, 4월 이후에는 통풍이 잘되는 곳에서 재배한다. 생육 적온은 10~20℃이며, 습기 있는 땅을 좋아하고 고온건조에 약해서 20℃ 이상의 고온에서는 잎이 누렇게 변한다.

물은 잎이 약간 처질 때 흙에 직접 주고, 꽃에 물이 닿으면 무를 수 있으므로 꽃이나 잎에 물이 닿지 않도록 주의한다. 휴면기인 11월부터 이듬해 3월까지 물을 거의 주지 않는다.

꽃을 피우려면 월 2회 복합비료를 준다. 번식은 씨앗(6~8월 파종)이나 포기나누기(가을)로 한다. 포기나누기는 1년에 4~5개 돋아난 싹에 새 뿌리를 내려 주고 묵은 뿌리는 따서 갈라 준다. 시든 꽃대는 바로 잘라 준다. 대표적인 품종은 줄리앙·오브코니카·말라코이테스 등이 있다.

줄리앙julian은 키가 작고 꽃송이도 올망졸망하다.

오브코니카obconica는 잎이 크고 둥글며 넓다. 꽃잎 또한 크고, 많은 꽃송이가 모여 핀다. 잎에 있는 거친 털은 체질에 따라 피부 이상을 일으키기도 한다.

말라코이테스malacoides는 잎이 둥글고 작으며 주름이 있다. 잎 가장자리에 톱니 모양이 불규칙하게 나 있고 잎맥이 크게 발달하였으며, 잎 뒷면과 줄기는 흰 가루로 덮여 있다. 아래에서 위로 작은 꽃이 층층이 피는 것이 특징이다.

캄파눌라

프리믈러 오브코니카

프리뮬러 말라코이데스

프리뮬러 줄리앙

금낭화 Dicentra

원산지 중국, 한국 　**과명** 현호색과

여러해살이풀로 우리나라 중부 산지에서 서식하며, 깊은 산의 계곡 근처의 부엽질이 풍부한 곳에서 많이 볼 수 있는 식물이다. '며느리주머니'라고도 부른다. 줄기는 높이가 40~50*cm*이며, 5~6월에 긴 꽃대에 흰색과 분홍색을 띤 통주머니와 같은 모양의 꽃 여러 개가 어긋나게 붙어서 늘어져 핀다. 햇빛을 좋아하며 건조에 강하다. 배수가 잘되는 사질양토에서 잘 자란다. 번식은 3~4개의 눈을 붙여 포기나누기를 한다.

금매화 Trollius

원산지 한국 　**과명** 미나리아재비과

한국이 원산지인 미나리아재비과의 여러해살이풀로, 산속 시냇가의 습기가 많고 햇빛이 잘 들거나 또는 반직사광선에서 잘 자란다. 줄기는 곧게 자라고, 7~8월에 원줄기 또는 가지 끝에서 황금색을 띤 꽃이 한 송이씩 핀다. 세 갈래로 갈라진 잎은 가장자리에 톱니가 있고, 위쪽은 녹색, 아래쪽은 연녹색을 띠며 쑥잎과 비슷한 모양이다.

램스이어 Lamb's ear

원산지 터키 　**과명** 꿀풀과

터키가 원산지인 꿀풀과의 여러해살이풀이다. 잎 모양이 양의 귀와 같다고 하여 붙여진 이름으로, 포기 전체가 은백색의 부드러운 털로 덮여 있다. 6~10월 긴 꽃대에 연보라색과 자주색의 작은 꽃이 핀다. 잎이 부드럽고 두꺼워 꽃꽂이용으로 알맞고, 드라이플라워로도 이용한다. 햇빛이 잘 들고 유기질이 풍부한 토양에서 잘 자라며 건조에 약하다.

리아트리스 Liatras

원산지 북아메리카 　**과명** 국화과

북아메리카가 원산지인 국화과의 여러해살이풀이다. 줄기에 솔잎 모양의 가느다란 잎이 붙어 있으며, 6~10월에 흰색과 청색 꽃이 위에서 아래쪽으로 내려가면서 핀다. 햇빛이 잘 들고 배수가 잘되는 건조한 곳에서 잘 자란다. 관상 가치가 높은 품종으로는 둥근리아트리스 · 애기리아트리스 · 방울리아트리스 · 기린리아트리스 등이 있다.

금낭화

금매화

램스이어

리아트리스

마거리트 Maguerite

원산지 아프리카 **과명** 국화과

아프리카가 원산지인 국화과 여러해살이풀이다. 높이는 1m 내외이며, 나무처럼 목질화되어 '나무쑥 갓'이라고도 부른다. 꽃은 5~6월에 흰색·노란색으로 피며, 잎은 깃 모양으로 잘게 갈라져 쑥갓잎과 비슷하다. 햇빛이 잘 들고 통풍이 잘되며 배수가 좋은 화단에 심는다.

모나르다 Monarda

원산지 북아메리카 **과명** 꿀풀과

북아메리카가 원산지인 꿀풀과 숙근 여러해살이풀로, 약 20여 종이 있다. 꽃은 흰색·분홍색·빨간 색·보라색 등 다양하다. 약간 습한 반직사광선의 비옥한 토질에서 잘 자라며 건조한 환경에는 약하 다. 내한성이 강해 겨울에 잎과 줄기는 시들지만 지하 줄기는 월동한다. 봄에 퇴비를 밑거름으로 주 고, 월 2회 액비를 준다. 포기가 커지면서 뿌리가 엉켜 생장에 지장을 줄 수 있으므로, 2~3년에 한 번 씩 캐내서 정리한다. 포기나누기는 4월 중순~5월 중순 또는 9~10월이 알맞다.

꽃은 밀원식물(꿀벌이 꽃꿀을 찾아 날아드는 식물)로 이용되고, 잎은 말려서 차로 마시면 불면증 치료 에 좋다.

숙근버베나 Verbena Bonariensis

원산지 브라질 **과명** 마편초과

브라질이 원산지인 마편초과 여러해살이풀이다. 줄기는 네모 모양으로 곧게 자라며, 뿌리는 옆으로 뻗어 나가면서 번진다. 6~8월에 자줏빛을 띤 보라색의 작은 꽃이 모여 핀다. 높이가 1m 정도 자랐을 때 갈라지면서 꽃이 피고, 밑에서 새순이 나온다. 키가 커서 '키다리 버베나'라고도 부른다. 원예종인 파라솔 버베나는 키가 작아 지표면을 넓게 퍼져 나가며 자란다.

번식력이 좋고 추위에 강해 한 번 심으면 해마다 꽃을 감상할 수 있다. 번식은 씨를 받아서 땅에 뿌 리고, 스스로 씨앗이 떨어져 발아되기도 한다.

스카비오사 Scabiosa

원산지 유럽 **과명** 산토끼꽃과

유럽이 원산지인 여러해살이풀로 '서양체꽃'이라고도 한다. 줄기는 곧게 서고 가지는 갈라지며, 꽃잎 이 마치 레이스 같은 모양으로 7~9월에 흰색·붉은색·보라색의 아름다운 꽃이 핀다. 암술 수술 부 분이 마치 핀 쿠션pin cushion처럼 생겨서 '핀쿠션'이라고도 부른다. 꽃을 피우지 않은 줄기는 겨우내 뿌리가 살아남았다가 이듬해 꽃을 피운다.

마거리트

모나르다

숙근버베나

스카비오사

아르메리아 Armeria

원산지 갯길경과　**과명** 유럽

유럽이 원산지인 갯길경과 노지용 여러해살이 초화류이다. 높이 15*cm* 정도이며 솔잎 모양의 가느다란 잎이 모여서 난다. 3~4월에 분홍색·엷은 자홍색 꽃이 여러 갈래로 피며, 화단에 둘러 심으면 보기 좋다. 추위에 강하며 배수가 잘되고 햇빛이 잘 드는 곳에서 잘 자란다. 포기가 무성하면 썩기 쉬우므로 9월 하순~10월 상순에 포기를 캐서 반으로 나누어 심는다.

에키나시아 Echinacea

원산지 북아메리카　**과명** 국화과

북아메리카가 원산지인 국화과 여러해살이풀이며, 꽃 색은 진한 자주색·분홍색·흰색 등 다양하다. 가을에 씨가 떨어지면 이듬해 봄에 자연 발아한 새싹이 나오면서 꽃이 핀다. 또는 3~4월에 파종하면 7~11월에 서리 내리기 전까지 꽃이 피며, 꽃잎이 아래로 처지는 특성이 있다. 꽃이 크고 화려해 인테리어용으로 인기가 많다. 강한 햇빛을 좋아하고 배수가 잘되는 곳에서 잘 자라며 추위에도 강하다. 번식은 봄과 가을에 포기나누기를 한다. 잘린 뿌리에서도 싹이 틀 정도로 재생력이 강하다. 심기 전에 밑거름으로 유기질 비료를 충분히 주면 꽃을 많이 피울 수 있다. 한편 북아메리카 인디언들은 독사에 물렸을 때 에키나시아를 해독제로 활용했다고 한다.

톱풀꽃 / 아킬레아 Achillea

원산지 북반구　**과명** 국화과

산과 들에서 자라는 국화과 여러해살이풀로 원산지는 북반구이다. 잎이 톱니처럼 생겼다고 해서 '톱풀꽃'이라고 부른다. 6~7월까지 흰색·분홍색·붉은색 꽃이 계속해서 핀다. 반직사광선 또는 직사광선에서 잘 자란다. 번식은 봄 또는 가을에 포기나누기를 한다.

　어린순은 나물로 먹고, 포기 전체는 건위제 또는 소염제로 쓰고, 꽃은 차로도 이용한다.

아르메리아

에키나시아

톱풀꽃

톱풀꽃

빈카 페어리스타 Vinca fairy star

원산지 열대 아메리카 **과명** 협죽도과

열대 아메리카가 원산지인 협죽도과 초화류이다. 작은 꽃잎이 마치 요정과 같아서 붙여진 이름이다. 흰색·붉은색 등의 꽃이 무리지어 피며, 빈카 품종 중 가장 작고 꽃이 많이 핀다. 고온 건조에 강하며 4~11월 연중 꽃이 핀다. 순지르기를 하면 곁가지가 많이 나와 꽃이 많이 핀다. 햇빛이 잘 들고 바람이 잘 통하는 곳에서 잘 자라고, 햇빛이 강할수록 꽃의 색상이 선명해진다. 습기가 많으면 곰팡이가 생기므로 장마철에는 비를 맞지 않도록 주의한다.

원래는 한해살이지만 11월경에 햇빛이 많고 온도가 높은 곳에 두면 여러해살이로 키울 수 있다.

밀리언벨 페튜니아 Millionbell Petunia

원산지 남아메리카 **과명** 미나리아재비과

사피니아의 교배종이다. 보통 한해살이 화초로 재배하지만, 빛이 충분하고 따뜻한 창가에서는 여러해살이로 키울 수 있다. 건조에 강하지만 습기에 약하므로 장마 전에 가지치기를 해서 줄기를 정리한다. 한 포기에서 백만 송이 꽃이 피고 꽃 모양이 종을 닮아 '밀리언벨'이라고 부른다. 꽃은 분홍색·노란색·오렌지색이 있다. 담장이나 벽면 공간을 입체적으로 꾸밀 때 최고의 장식 효과를 얻을 수 있는 식물이다. 꽃은 봄부터 늦가을까지 피며 가지 끝까지 꽃이 다 피고 난 뒤 적당한 길이로 줄기를 잘라 주면 계속해서 새 가지가 나온다. 햇빛이 좋아야 꽃이 많이핀다.

액체 비료를 1개월에 2회 물 주듯이 준다. 질소 성분이 많이 든 비료를 주면 꽃이 피지 않고 잎만 무성하다.

사피니아 페튜니아 Surfinia Petunia

원산지 남아메리카 **과명** 가지과

페튜니아의 교배종으로 원산지에서는 여러해살이지만 온대 지방에서는 한해살이다. 가을에 파종해서 온실이나 실내에서 월동시키면 4월~8월에 꽃이 피고, 봄에 파종하면 8~10월에 꽃이 핀다. 반직사광선에서는 웃자랄 수 있으므로, 봄부터 가을까지는 실외에, 겨울철에는 베란다 등 실내의 햇빛이 많이 들어오는 창가에 두면 오랫동안 볼 수 있다. 습기에 약하므로 장마철에는 비를 피할 수 있는 곳에 둔다. 생육 온도는 20~25℃이며 월동 온도는 -4℃로 추위에 강하므로 햇빛이 충분한 곳에서는 이듬해 다시 싹이 나온다.

일주일에 한 번 액체 비료를 준다. 더위·가뭄·병충해에 강하다. 물을 좋아하므로 여름철에는 매일 물을 듬뿍 준다. 꽃이 진 뒤 곁가지를 잘라 주면 계속해서 새순이 나와 많은 꽃이 핀다.

빈카 페어리스타

사피니아 페튜니아

밀리언벨 페튜니아

스트랩토카르푸스 Streptocarpus

원산지 남아프리카 과명 꿀풀과

꿀풀과 상록 여러해살이풀로, '뉴질랜드 앵초'라고도 부른다. 벨벳 같은 질감의 잎은 고급스러운 느낌이 나고 긴 배춧잎처럼 생겼다. 꽃은 트럼펫처럼 긴 관 모양이며, 빨간색 · 청색 · 보라색 · 분홍색 · 흰색 등 색깔이 다양하고 1년 내내 핀다. 물은 겉흙이 마르면 주고, 꽃과 잎에 닿지 않도록 주의한다. 그늘에서는 꽃이 피지 않으므로 반직사광선에 둔다. 생육 적온은 18~25℃이며, 30℃ 이상에서는 잎이 누렇게 변한다. 반면 내한성이 강해 -5℃까지 견딘다. 인산과 칼리를 2주에 1회 주면 꽃을 오랫동안 볼 수 있다. 번식은 잎을 둘로 나눈 다음 모래 : 마사토 : 부엽토를 5 : 3 : 2로 섞은 배양토에 꽂아 번식한다. 시든 꽃은 바로 따야 병충해가 줄어들고 꽃대도 빨리 올라오며, 싱싱하고 건강하게 생장한다.

아프리칸 바이올렛(보통명 : African Violet / 학명 : Saintpaulia)

원산지 탄자니아 과명 돌담배과 햇빛 반직사광선 물 주기 흙이 말랐을 때 충분히 물을 준다. 월동 온도 13℃

아프리카 열대 지방이 원산지이며, 키가 10~15㎝ 정도 되는 작은 식물이다. 잎은 진한 녹색이고 타원형이며 조금 도톰하고 잎과 잎자루에 잔털이 나 있어 귀엽고 부드러운 느낌을 준다. 꽃은 흰색 · 보라색 · 핑크색 · 푸른색 등 다양한 색을 띠고 집안 어디에서나 분위기를 화사하게 만들어 준다. 화분에 담아 햇빛이 드는 창가에 놓아 두어도 잘 어울린다.

온도를 20~25℃로 유지해 주면 1년 내내 꽃을 볼 수 있다. 제비꽃과 비슷한 모양으로 다양한 품종이 개발되어 있다. 빛이 충분하면 꽃이 피어 오래 지속되지만 빛이 많지 않은 음지에서는 꽃이 피지 않는다. 물은 화분의 흙이 말랐을 때 충분히 주고, 잎에 물이 닿지 않도록 한다. 여름철에는 직사광선과 과습을 피하고 겨울에는 찬바람에 노출되지 않도록 한다.

잎 한 장을 잘라 물컵에 꽂아 두면 약 2~4주 뒤에 뿌리가 생긴다. 뿌리가 2㎝ 정도 자랐을 때 화분에 옮겨 심으면 또 하나의 화분을 만들 수 있다.

엘라티오르 베고니아 Elatior Begonia

원산지 남미 페루 등의 열대 고산지대 과명 베고니아과

남미 페루 등 열대 고산지대가 원산지이며 약 150여 종의 관상용이 있다. 꽃 모양이 장미꽃처럼 생겨 '장미 베고니아'라고도 불린다. 꽃베고니아보다 송이가 크고 화려한 꽃은 겹꽃으로 피며, 색상도 흰색 · 노란색 · 빨간색 등 다양하다. 물은 흙이 바싹 말랐을 때 충분히 준다. 줄기가 다육질로 굵기 때문에 물을 자주 주면 줄기가 물러 버린다. 생육 적온은 20~25℃로, 반직사광선을 좋아하고 고온다습에 약하므로 여름에는 발을 쳐서 시원한 환경을 만들어 준다. 시든 꽃은 빨리 따 주고 꽃이 모두 시든 뒤 윗부분을 자르면 곁가지가 나와 다시 꽃이 핀다. 비료를 주면 2~3개월 뒤에는 포기 전체가 풍성해지고 다시 꽃이 핀다. 번식은 포기에서 나오는 줄기를 잘라 물이나 흙에 꽂아 두면 3주 뒤에 뿌리가 내린다.

스트랩토카르푸스

아프리칸 바이올렛

엘라티오르 베고니아

라티오르 베고니아

임파첸스 Impatiens

원산지 아프리카 **과명** 봉선화과

아프리카가 원산지인 봉선화과 여러해살이풀이다. 꽃은 흰색·분홍색·빨간색 등 다양하고 홑꽃과 겹꽃이 1년 내내 피고 진다. 연한 녹색 줄기는 굵고 윤기가 나며 가지가 많이 갈라지고 수분이 많다. 생육 적온은 15~20℃이고, 반직사광선의 통풍이 잘되는 시원한 곳에서 꽃이 잘 피고, 음지에서는 꽃이 피지 않는다. 물은 겉흙이 마르면 충분히 준다. 또는 잎을 손끝으로 만져 보고 잎자루에 탄력성이 떨어지면 준다. 비료는 봄과 가을에 1주에 1회 액체 비료를 준다. 순지르기를 하면 포기가 늘어나 꽃이 많이 핀다. 번식은 3㎝ 정도의 줄기를 잘라 물 또는 흙에 심으면 뿌리가 잘 내린다.

제라늄 Geranium

원산지 아프리카 **과명** 쥐손이풀과

펠라고늄 Pelagonium속 중 1년 내내 피고 지는 원예종으로, 꽃피는 기간이 길다. 꽃송이가 많고 꽃이 크며, 잎은 색상과 형태가 다양하여 유럽에서는 창가에서 많이 키운다. 색은 흰색·분홍색·빨간색 등이 있다. 잎은 두껍고 털이 있으며 만지면 특이한 냄새가 나서 벌레가 거의 없다. 부드러운 어린 줄기는 오래될수록 딱딱해진다. 꽃이 진 뒤 줄기를 잘라 주면 곁가지가 나와서 풍성해지고 꽃이 많이 핀다. 생육 온도는 15~25℃이며, 추위에 약해 10℃ 이하에서는 잎이 누래진다. 잎이 두껍고 줄기가 굵어 수분을 저장하므로 물은 흙이 바짝 말랐을 때 주고, 햇빛이 좋고 통풍이 잘되는 곳에서 키운다. 햇빛이 없으면 줄기가 웃자라고, 습도가 높으면 회색 곰팡이가 생기므로 건조한 상태를 유지한다. 번식은 줄기꽂이 하며, 줄기를 5㎝ 정도 잘라 그늘에서 말린 뒤 흙에 꽂는다. 봄~가을까지 실외에서 재배할 때는 장마철에 썩기 쉽다. 고온다습한 환경에서는 생육이 약해 아랫잎부터 누렇게 된다.

펠라고늄 랜디 Pelargonium Randy

원산지 남아프리카 **과명** 쥐손이풀과

남아프리카가 원산지인 여러해살이 초화류이다. 생육 온도는 15~25℃, 월동 온도는 5℃이며, 15℃ 이상에서 꽃이 핀다. 통풍이 안 되면 곰팡이가 핀다.

번식은 삽목하며 딱딱한 줄기보다는 부드러운 줄기를 심는 편이 좋고, 포기나누기로 한다. 작고 귀여운 꽃은 직사광선을 받아야 꽃이 많이 핀다. 꽃이 진 뒤 잔가지를 고루 잘라 주면 새순이 나와 포기 전체가 풍성하고 꽃도 잘 핀다. 시든 꽃은 그때그때 바로 따 주어야 양분과 수분 손실을 줄일 수 있다. 비료는 월 2회 준다.

임파첸스

펠라고늄 랜디

제라늄

꽃나무

아름다운 꽃을 피우는 나무는 크게 관목류 · 교목류 · 덩굴식물류로 구분된다.

키에 따른 꽃나무 종류

관목성 화목

뿌리로부터 여러 개의 가는 가지가 나와서 키는 낮게 자라고, 가지 퍼짐은 높이만큼 자란다. 나무 높이는 2m 이하이다. 철쭉 · 매화 · 진달래 · 조팝나무 · 장미 · 병꽃나무 · 무궁화 · 라일락 · 명자꽃나무 · 나무수국 · 개나리 등이 있다.

교목성 화목

하나의 직립 줄기가 2m 이상 높이로 굵게 자라는 종류로, 자귀나무 · 산딸나무 · 벚나무 · 목련 · 꽃사과 · 꽃배나무 등이 있다.

덩굴성 화목

능소화 · 등나무 · 인동덩굴 등이 있다.

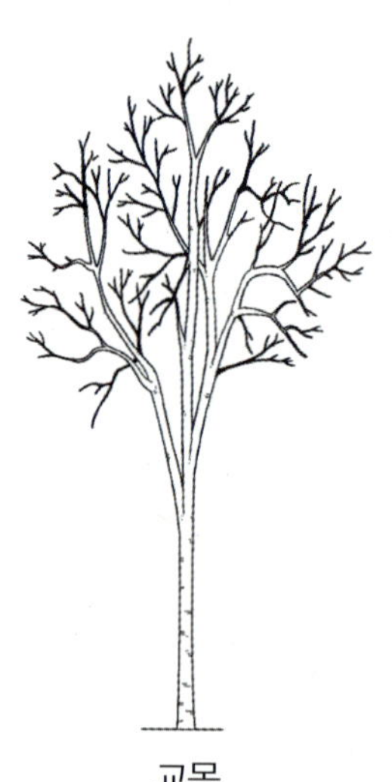

교목

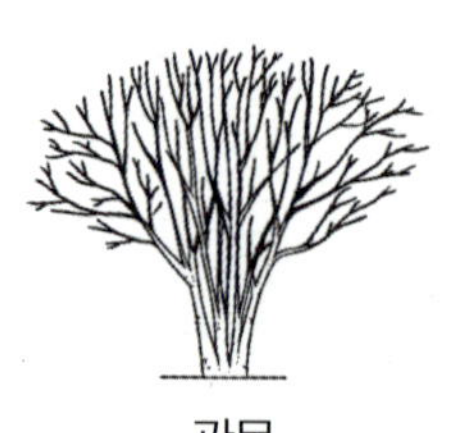

관목

개화 양식에 따른 꽃나무 종류

개화 양식에 따라 전화후엽前花後葉, 후화전엽後花前葉, 새로 나온 가지에 꽃눈이 형성되어 개화하는 종류로 나눈다.

전화후엽前花後葉
겨울을 넘긴 뒤 봄에 잎이 나오기 전에 꽃이 먼저 피는 종류이다.

개나리 · 박태기나무 · 목련 · 벚나무 · 산수유 · 진달래 · 설유화 등이 있다. 꽃이 진 뒤부터 새로운 꽃눈이 생기기 시작하며, 여름철이 시작하기 전에 전정하여 수형을 만든다.

후화전엽後花前葉
봄에 잎이 먼저 나온 뒤에 꽃이 나중에 피는 종류이다.

황매화 · 철쭉 · 옥매 · 산수국 · 불두화 · 모란 · 꽃사과 · 등나무 · 라일락 등이 있다. 꽃이 진 뒤 전정한다.

그해 새로 나온 가지에 꽃눈이 형성되어 개화하는 종류
장미 · 배롱나무 · 무궁화 · 능소화 등이 있다.

봄에 잎이 나오기 전에 굵은 가지를 남기고 약한 가지를 잘라 주면 꽃이 많이 핀다.

꽃나무 관리

전정剪定 – 가지치기pruning
햇빛, 통풍, 개화, 결실을 목적으로 가지를 잘라 주는 것을 전정이라고 한다. 복잡한 잔가지가 많으면 그늘이 지고 통풍이 되지 않으며, 꽃이 작고 빈약하거나 피지 않는다.
- 죽은 가지, 병든 가지, 허약한 가지를 자른다.
- 길게 자란 가지, 마른 가지, 웃자란 가지를 자른다.
- 한쪽 방향으로 자란 가지, 많은 잎은 솎아 준다.

개머루

원산지 한국, 중국 **과명** 포도과

한국과 중국의 산과 들에서 서식하는 낙엽 활엽 덩굴성 목본류이다. '먹을 수 없는 머루'라는 뜻으로 '돌머루'라고도 부른다. 조경용·관상용·울타리용 식물로 이용한다.
건조한 곳보다 습기가 있는 땅에서 잘 자라고, 6~7월에 녹색 꽃이 핀다. 열매는 공 모양으로 열리고, 흰색·푸른색·자주색을 띠며 먹지는 못한다. 한방에서는 개머루 달인 물로 만성 신장염을 치료한다.

낙상홍

원산지 북반구 **과명** 국화과

감탕나무과의 낙엽관목이다. 6월에 새로 자란 가지에서 연분홍색의 작은 꽃이 핀다. 가을에는 작은 구슬 모양의 붉은색 열매가 달린다. 열매가 아름다워 조경수로 인기가 많다. 추위에 강하고 싹이 잘 트며, 바람과 공해에 강하다. 번식은 접목, 꺾꽂이, 포기나누기로 한다.

남천 Nandina

원산지 중국 **과명** 매자나무과

상록 활엽관목이다. 밑에서 줄기가 많이 올라와 포기를 형성한다. 6~7월에 흰 꽃이 피며, 가을에 둥근 열매가 빨갛게 익어 이듬해 봄까지 볼 수 있어 인기가 높다. 실내에서 기를 때는 온도가 높아 단풍이 들지 않는다. 정원수와 조경수로 알맞으며, 잎·가지·줄기·열매는 약용으로 쓰인다. 음지에 강해 큰 나무 밑에서도 잘 자란다. 내공해성·이식성·맹아력이 좋다.

능소화 Chinese trumpet creeper

원산지 중국 **과명** 능소화과

중국이 원산지인 낙엽 활엽 덩굴성 식물이다. 키가 10m에 달하며 줄기 마디에서 공중 뿌리가 나와 나무나 건물의 벽을 타고 오른다. 7~9월에 나팔 모양의 주황색 꽃이 핀다. 개화 기간이 길고, 색상과 모양이 화려하고 아름다워 관상 가치가 크다. 양지바른 곳의 수분을 많이 함유한 비옥한 토양에서 잘 자란다. 꽃가루에는 갈고리 같은 것이 있어서 눈에 들어가면 잘 빠지지 않아 각막염을 일으킬 우려가 있다. 번식은 1년생 줄기를 20*cm* 길이로 잘라 3~7월에 꺾꽂이한다.

개머루

낙상홍

능소화

남천

동백나무 Common Camellia

원산지 아시아 난대지방 **과명** 차나무과

상록 활엽소관목으로, 남부 섬 지방에 분포하며 약 3천여 종이 있다. 키는 15m까지 자라며, 해풍과 소금기에 강해 바닷가 방풍림으로 좋다. 다소 습기가 있는 토양에서 잘 자라고, 여름철 건조할 때 토양 위에 짚을 깔아 주면 과도한 수분 증발을 막을 수 있다. 화분에서는 겉흙이 마르면 바로 물을 준다. 겨울철에는 냉해를 입지 않도록 물을 받아 실온에 하루 정도 두었다가 준다. 반직사광선에서 잘 자라며 강한 광선을 좋아하지 않으므로 서향보다는 동남향이 알맞다. 묘목은 나무 그늘 밑에 심고, 화분에 심은 묘목은 오전에 햇빛이 드는 곳에 둔다. 적정 온도는 낮에는 25℃, 밤에는 15℃로, 추위에 약하므로 중부 지방에서는 베란다 또는 실내에서 키운다. 5℃ 내외에서 저온 처리를 해야 꽃눈이 분화한다. 꽃은 가을부터 이듬해 봄까지 피며, 색은 붉은색·흰색·분홍색 등 다양하다.

가을에 잎이 나오기 시작하면 2주에 1회 1천 배로 희석한 액비를 준다. 물이 잘 빠지는 약알칼리성 토양에서 잘 자라며, 산성 토양에 심은 경우는 재를 뿌려 준다. 7~8월에 웃자란 가지를 솎아 주는데, 이때 새순 끝부분에 보이는 꽃눈을 자르지 않도록 주의한다. 옮겨심기는 뿌리 활동이 적은 가을에서 이듬해 봄에 하는 것이 좋다. 특히 동백은 뿌리가 곧게 뻗어 있어 옮겨 심을 때 원뿌리가 잘리지 않도록 주의한다.

번식은 종자 또는 줄기꽂이로 한다. 7월에 잎이 2장가량 붙은 가지를 칼로 비스듬히 잘라 1%의 설탕물에 하루 정도 담갔다가 이끼로 싸서 마사토에 바로 꽂거나, 흙으로 경단 모양을 만들어 꽂는다.

겨울철 고층 아파트는 매우 건조해서 꽃봉오리가 피지 않고 떨어지기 쉽다. 이런 경우 큰 비닐을 씌운 뒤 분무해 주고 윗부분을 열어 두면 공중 습도를 60~70%로 맞출 수 있어 꽃이 핀다.

등나무 Japanese wisteria

원산지 남부지방 **과명** 콩과

남부지방에 자생하는 콩과의 낙엽 활엽 덩굴식물이다. 부식질이 많은 비옥한 계곡이나 산기슭에서 잘 자라며, 내한성이 강하다. 5월경 30~40cm 길이의 연한 청색 꽃이 보름 정도 핀다. 퍼걸러나 테라스 아치에 심으면 보기 좋다. 여름에 꽃이 진 뒤 꽃이 핀 가지의 눈을 2~3개 정도 남기고 전정하면 새 줄기가 나와 다시 꽃을 볼 수 있다.

말발도리

원산지 한국, 중국 **과명** 범의귀과

한국과 중국이 원산지인 낙엽관목으로 산골짜기의 돌 틈에서 자생한다. 열매 모양이 말의 발굽에 끼우는 편자처럼 생겼다고 해서 붙여진 이름이다. 5~6월에 종 모양의 흰색 꽃이 피며, 푸른 잎과 조화를 이룬다. 정원의 암석 사이에 심으면 보기 좋아 최근 인기가 높다. 한겨울 노지에서도 월동할 정도로 추위에 강하고 공해에도 잘 견디며, 척박하고 건조한 음지에서도 잘 자란다. 한방에서는 피부염·가려움증을 치료하기 위해 목욕할 때 말발도리 열매를 사용한다.

동백나무

동백나무

등꽃

말발도리

명자나무

원산지 한국, 중국 **과명** 장미과

장미과의 낙엽관목으로 키는 1~2m 정도로 자라고 이른 봄 화단을 장식하며 '산당화'로도 부른다. 여러 갈래로 갈라진 가지가 나무 모양을 둥그렇게 만든다. 꽃은 흰색·분홍색·담홍색·빨간색 등 다양하고, 3~5월에 꽃이 핀 뒤 잎이 나온다. 꽃이 지면 열매가 진녹색에서 노랗게 익는데, 향기가 좋아 과실주로 담그기도 한다. 바람이 잘 통하고 햇빛이 잘 드는 곳을 좋아하며, 건조한 곳에서는 잘 자라지 않는다. 깻묵이나 퇴비를 주면 꽃이 예쁘게 피고 열매도 많이 열린다. 번식은 꺾꽂이, 포기나누기, 휘묻이로 한다. 열매 달인 물은 여름철 더위를 물리치는 데 도움을 준다.

모란

원산지 중국 **과명** 미나리아재비과

중국이 원산지인 낙엽관목이다. 줄기는 3m 정도까지 자라며, 5월에 빨간색·보라색·자주색 꽃이 핀다. 9월 하순경 굵은 뿌리를 눈이 2~3개씩 붙어 있도록 갈라 심어서 번식한다. 질소 비료를 너무 많이 주거나 비가 많이 오면 회색 잿빛 곰팡이 병이 생길 우려가 있다. 토양은 모래가 섞여 배수가 잘 되는 것이 적당하다.

목서(유통명 : 계화나무)

원산지 중국, 일본 **과명** 물푸레나뭇과

상록 활엽관목으로, 중국에서는 '계화나무', 일본에서는 '가쓰라'라고 부른다. 우리나라에서는 '금목서'와 '은목서'로 구분하는데, 금목서는 노란색 꽃이 피고 향기가 진하고 달착지근하며, 은목서는 흰색 꽃이 피고 달콤한 과일 향이 은은하게 난다. 높이 4m까지 자라며 밑에서 많은 줄기가 올라온다. 온실에서는 10월부터 이듬해 3월까지, 노지에서는 봄에 꽃이 피고 10월에 암자색 열매가 달린다. 배수가 잘되는 사질양토에 심고, 겉흙이 마르면 물을 흠뻑 준다. 실내에서 키울 때는 봄과 가을에는 직사광선, 한여름에는 반직사광선에 둔다. 실외에서는 서늘한 반직사광선에서 재배한다. 월동 온도는 5℃이므로 남부 지방에서는 노지에서 월동한다. 중부 지방에서는 짚이나 새끼줄을 감아 겨울철 강추위로 인한 냉해나 동해로부터 보호한다. 번식은 포기나누기와 꺾꽂이로 한다.

배롱나무 Crape Myrtle

원산지 중국 **과명** 부처꽃과

중국이 원산지인 낙엽 활엽교목으로, 꽃이 1백일 이상 피어 있어 '목백일홍'이라고도 부른다. 키는 5m 정도로 자라며, 7~9월에 붉은색과 흰색 꽃이 핀다. 꽃 수명이 길고 수형이 아름다우며, 껍질에 적갈색의 흰 얼룩무늬가 있어 관상수로 인기가 많다. 햇빛이 잘 들고 비옥한 토양을 좋아하며, 추위에 약해 중부 지방에서는 동해를 입기 쉽다.

명자나무

모란

목서

배롱나무

백당나무

원산지 한국, 일본, 중국　**과명** 인동덩굴과

습한 지역에서 자생하며 내음성이 강하고 건조에 약하다. 잎 끝은 3개로 갈라져 있으며 뒷면에 털이 있다. 꽃은 5~6월에 접시와 같은 모양의 흰색 꽃이 핀다. 열매는 빨간색으로 악취가 난다.

불두화 Snowball tree

원산지 한국, 일본, 중국, 만주　**과명** 인동과

인동과 낙엽 활엽관목이다. 꽃이 필 때 연두색으로 시작하여 활짝 피면 흰색으로 변하며, 전체적으로 공처럼 둥근 모양이 마치 부처님의 머리 모양과 비슷하다고 하여 '불두화'라고 불린다.

구분	백당나무	불두화
꽃	꽃의 바깥쪽은 무성화로 곤충을 유인하고, 안쪽은 유성화로서 수분을 이루어 완두콩 크기의 열매를 맺는다.	백당나무에서 꽃잎이 작은 유성화를 없애고 무성화만 남겨놓은 품종이다. 결실을 맺지 못하여 열매가 없다.

붓들레아 Buddleia

원산지 아메리카　**과명** 아전과

아메리카가 원산지인 아전과 낙엽관목이다. 높이 2~3m로 자라며, 라일락꽃과 생김새가 비슷해 '썸머 라일락'이라고도 한다. 개화기에는 나비가 많이 모여들어 '나비나무'라고도 불린다. 7~11월 흰색과 보라색 꽃이 원추형으로 계속해서 피며, 꽃나무 중에서 개화 기간이 가장 길다. 또한 향기가 좋고 꿀을 많이 함유하고 있어 밀원 식물로 꼽힌다. 추위·더위·병충해에 강하며 척박한 토양에서도 잘 자란다. 줄기를 잘라 번식한다.

블루베리 Blueberry

원산지 북미　**과명** 진달래과

북미 원산의 관목이다. 줄기는 높이 15~45*cm* 정도로 자라며 뻣뻣하다. 잎은 작은 달걀 모양이고 가장자리에 톱니가 있다. 꽃은 연분홍색이고 작은 공 모양으로 피고, 열매는 7~8월에 감청색으로 익는데, 1*cm* 정도 크기에 밀랍처럼 매끈하다. 새들이 좋아하는 먹이이며, 잼으로 만들어 먹기도 한다. 뿌리가 흙 표면에 뻗는 천근성이므로 쉽게 건조해진다. 따라서 보습성이 좋은 흙에 심거나, 피트모스에 소나무 껍질·톱밥·솔잎·왕겨 등 유기물을 섞어 심는다. 유기물과 섞어 사용하면 통기성 유지, 영양 공급, 미생물 활성화에 도움이 된다. 토양 산도는 pH 4.2~5.0, 유기물 함량은 5~10%, 토양 습도는 50~70%가 알맞다. 비료를 지나치게 많이 주면 죽기 쉬우므로 주의한다. 그러나 이른 봄 뿌리가 활착되어 줄기나 잎이 자라기 시작할 무렵에는 비료를 조금 준다. 생육 적온은 8~15℃이며, 가지치기는 11~3월에 한다. 번식은 이른봄에 1년생 가지를 10*cm* 정도로 잘라 꺾꽂이한다.

백당나무

불두화

붓들레아

블루베리

산수유

원산지 중국　**과명** 층층나무과

낙엽 활엽소교목으로, 이른 봄에 잎보다 먼저 가지 전체를 뒤덮으며 피는 노란색 꽃이 40일 가량 지속된다. 추위와 공해에 강해 조경용으로 인기가 높다. 열매는 10월에 익는데 붉은색 긴 타원형으로 광택이 있다. 겨우내 열매가 달려 있어 정원수로 널리 쓰인다.

생강나무

원산지 한국, 중국, 일본　**과명** 녹나무과

낙엽 활엽관목으로, 가지에서 생강 냄새가 나서 '생강나무'라고 부른다. 음지 · 추위 · 바람 · 건조에 강하며 바닷가에서도 잘 자란다. 이른봄에 꽃이 노랗게 피고, 가을에 단풍이 아름답다. 열매는 녹색 → 황색 → 홍색을 거쳐 9월에 검은색으로 익는다. 말린 가지는 약으로 쓰고, 어린순을 식용한다.

산수유와 산동백(생강나무) 비교

구분	산수유	생강나무(유통명: 산동백)
과	층층나무과	녹나무과
꽃	긴 꽃자루 끝에 노란색으로 하나씩 모여 핀다. 꽃받침과 꽃잎의 구분이 뚜렷하다. 완전화(꽃 하나에 암술과 수술이 함께 있다.)	줄기에 붙어 노란색 작은 꽃들이 뭉쳐 핀다. 꽃받침과 꽃잎이 구분되지 않는다. 불완전화(암술과 수술이 각각 다른 나무에 있다.)
잎	긴 타원형	동물 발바닥 모양
가지/ 줄기	회색 / 껍질이 벗겨져 있다.	녹색이며 긁으면 생강 냄새가 난다 / 매끈하다.

서향 Daphne

원산지 중국　**과명** 팥꽃나무과

팥꽃나무과의 상록 활엽관목으로, 초록 잎과 꽃에서 좋은 향기가 나는데, 향기가 천 리를 간다고 하여 '천리향'이라고도 한다. 키는 2m 정도이고, 식무 전체가 아름다워 남부 지방에서 관상용으로 심는다. 5~6월에 가지 끝에서 안쪽은 흰색, 바깥쪽은 홍자색인 꽃이 뭉쳐서 핀다. 열매는 10월에 노랗게 익는다. 음지에서도 잘 자라지만 추위 · 공해 · 습기에 약하다.

　물 빠짐이 좋고 보수력이 있는 흙에서 키운다. 흙이 너무 건조하면 잎이 우수수 떨어지므로 겉흙이 마르면 물을 충분히 준다. 햇빛이 많은 곳을 좋아하지만 더위에는 약하므로 여름에는 직사광선이 들지 않고 서늘하며 통풍이 잘되는 곳에 둔다. 생육 온도는 10~20℃이며 겨울철에는 5℃ 이하가 되지 않도록 관리한다. 중부 지방에서는 월동하지 않으므로 겨울에 실내에 들여 놓는다. 수시로 물을 뿌려 건조한 실내의 공중 습도를 높여 준다. 거름이 많이 필요한 식물이므로 분갈이 할 때 유기질 비료를 보충해 주고, 옮겨심기는 꽃이 진 뒤 또는 가을에 한다. 깍지벌레와 진딧물이 잘 생기므로 온도와 습도 및 통풍 관리에 특별히 신경 쓴다. 6~8월경 꺾꽂이로 번식한다. 뿌리껍질은 약으로 쓰인다.

산수유 마른 열매와 꽃(위), 산수유(아래)

생강나무 열매(위), 생강나무

서향

서향

섬개야광나무

원산지 한국 과명 장미과

낙엽 활엽관목으로, 울릉도 바위틈에서 자생하는 한국 특산의 천연기념물이다. 5~6월에 흰색 꽃이
피고, 9월에 열매가 붉은색으로 익는다. 건조 · 바람 · 추위에 강하여 바위 사이에 식재하거나 생울타
리로 이용하기에 알맞다. 햇빛을 좋아하지만 반직사광선에서도 잘 자란다.

수국 Hydrangea

원산지 일본 과명 범의귀과

관목성 낙엽 활엽수로, 키는 1~2m 내외이며, 반직사광선의 습기 있는 곳에서 잘 자란다. 꽃은 5~6월
에 가지 끝에서 청색 · 분홍색 · 흰색으로 핀다. 꽃이 핀 뒤에는 약하게 가지치기를 해 준다. 꽃눈이 형
성되는 11월 초순 이후에 가지를 자르면 이듬해 꽃이 피지 않는다. 뿌리가 약하므로 건조해지지 않도
록 관리한다. 3월 하순에 포기 주위를 얕게 파서 유기질 비료를 주면 꽃이 많이 핀다. 동해를 방지하기
위해 비닐과 흙을 덮어 보온해 주어야 한다. 늦가을 추위에 적응시키고 초겨울 추위에 잎이 다 떨어지
면 휴면에 들어간다. 꽃은 산성 토양에서 청색, 알칼리성 토양에서 분홍색으로 변한다. 번식은 포기나
누기나 꺾꽂이로 하며, 6월 하순에 약간 굳어진 새 가지를 세 마디 정도 잘라 배양토에 꽂는다.

오렌지재스민

원산지 인도네시아 과명 운향과

상록관목으로, 오렌지 잎을 닮아서 붙여진 이름이다. 잎이 아주 작고 둥글며 윤기가 흐른다. 눈송이
처럼 하얀 꽃이 모여 피고, 오렌지처럼 상쾌하고 달콤한 향기가 난다. 봄~가을까지 4~5번 정도 꽃
을 피우고, 꽃이 진 가을에는 초록색 열매가 달려 점점 빨갛게 변해 이듬해 봄까지 볼 수 있다.

　물 빠짐이 좋은 마사토 · 부엽토 · 피트모스를 섞어 쓰며, 봄에 새순이 자랄 때 유기질 비료를 충분
히 주면 잎이 진녹색을 띤다. 물은 겉흙이 마르거나 위쪽 잎이 처져 있을 때 화분 밑까지 흐를 정도로
듬뿍 준다. 토양이 건조하면 잎이 처지고 윤기가 없어지고, 반대로 수분이 많으면 산소 공급이 줄어
뿌리가 잘 썩는다. 양지식물이므로 햇빛을 충분히 쬐면 이듬해 꽃이 잘 핀다. 햇빛이 적으면 마디 사
이가 길어지며 웃자란다. 생육 적온은 밤 15℃, 낮 25~30℃로 온도가 높아야 꽃이 잘 피고 월동 온도
는 10℃로 추위에 약한 편이다.

　통풍이 잘 안 되면 깍지벌레 · 응애 · 진딧물이 생기기 쉬우므로 환기에 신경 쓰고 수시로 잎 뒷면
에 물을 분무한다. 잎 뒷면에 있는 끈적하고 반질반질한 것은 깍지벌레의 배설물로, 스프라사이드
1,000배액을 3회 정도 살포하면 없어진다. 수분이 부족하면 응애가 생기는데, 난황유를 사용하면 효
과가 있다. 진딧물은 새순에 생기므로 수시로 잎에 물을 분무하고, 코리도 입제를 화분 위에 5g 정도
뿌려 주면 도움 된다. 웃자란 가지는 잘라 주고, 봄과 가을에 한 번씩 가지치기를 하면 곁가지가 풍성
해지고 원가지는 더욱 튼튼해진다. 번식은 종자 번식과 꺾꽂이로 한다. 열매를 벗겨서 나온 씨앗을
따뜻한 물에 하루 정도 담갔다가 배양토에 심거나, 가지를 10㎝ 정도 잘라 모래에 꽂는다.

섬개야광나무

수국

오렌지재스민

수국

월계수 Laurel

원산지 지중해 연안 **과명** 녹나무과

지중해 연안 원산의 상록교목으로, 우리나라 남해안 지방에 자생하며 15m까지 자란다. 봄에 노란 꽃이 피고 10월에 검은자주색 열매가 익는다. 잎을 비비면 향기가 난다. 반직사광선이나 직사광선에서 키우고 흙이 마르면 물을 흠뻑 준다. 생육 적온은 0~5℃이며, 통풍이 안 되면 깍지벌레가 생기므로 자주 물을 뿌리거나 환기해 준다. 번식은 종자 또는 꺾꽂이로 한다.

장수매

원산지 중국 **과명** 장미과

명자나무와 닮았지만 잎과 꽃송이의 크기가 작다. 흰색·빨간색 꽃이 1년에 4~5회 핀다. 꽃이 지면 모과 향기가 나는 노란 열매가 열린다. 햇빛이 많은 곳에서 잘 자란다. 분재로도 많이 키우는데, 분토가 마르지 않도록 물 주기에 신경 써야 한다. 물이 지나치게 많으면 잎이 검게 변하며 떨어지고, 부족하면 빨갛게 변한다. 자생력이 강해 꺾꽂이나 접붙이기로도 잘 번식한다. 유기질이 풍부하고 배수가 잘되는 토양에 심는다.

좀작살나무 Dichotoma beauty berry

원산지 한국, 중국, 일본 **과명** 마편초과

한국·중국·일본이 원산인 낙엽 활엽관목으로, 줄기가 작살처럼 여러 갈래로 퍼져 나가 붙여진 이름이다. 중부 이남의 계곡이나 암석 지대에 분포한다. 내한성·내건성·내공해성이 강하고, 직사광선이나 약광선에서도 잘 자라며, 바닷가나 도심에서도 개화와 결실이 잘된다. 꽃은 8월에 연한 자주색으로 피고, 10월에 윤기 있는 짙은 보라색으로 익는 열매가 아름다워 정원이나 공원수로 인기 있다. 부식질에 습기 많은 토양이 좋다.

찔레꽃 Baby rose

원산지 한국, 일본 **과명** 장미과

산기슭이나 하천, 호반 주변에서 흔히 볼 수 있는 장미과 낙엽관목이다. 추위·공해·바닷바람과 염분에 강하다. 꽃은 흰색 또는 연한 붉은색으로 5월부터 피며, 열매는 주홍색으로 9월부터 익는다. 가지가 많이 나와 울타리용으로 인기가 좋으며 양지바른 곳을 좋아한다. 장미의 원예 품종을 번식시킬 때 대목으로 이용한다. 봄에 새순과 꽃잎을 따서 먹기도 하고, 열매와 뿌리는 약용한다.

차나무 Tea plant

원산지 중국, 일본, 인도 **과명** 차나무과

차나무과의 상록 활엽관목으로, 잎이 두껍고 광택이 있다. 10~11월에 흰 꽃이 피며 은은한 향기가 난다. 추위에 강해 베란다 식물로 알맞다. 어린잎은 녹차로 이용하고, 열매는 기름을 짜며, 나무는 단추를 만든다. 잎과 꽃이 아름다워 울타리 식물로도 손색이 없다.

조팝나무

원산지 한국 **과명** 장미과

산과 들에 흔한 낙엽관목으로, 꽃이 만발한 모양이 튀긴 좁쌀을 붙인 것 같이 붙여진 이름이다. 꽃은 4~5월에 흰색으로 피고 겹꽃과 홑꽃이 있다. 가지마다 송이송이 피어나는 순백색의 아름다운 꽃이 눈[雪] 같고 잎은 버들잎[柳] 같다 하여 '설유화雪柳花'라고도 한다. 추위에 강하며, 건조한 곳보다 습기가 있는 곳을 좋아한다. 공해에는 약한 편이다. 절화용 또는 화단용으로 인기 있으며, 어린잎은 식용하고 뿌리는 약용한다. 번식은 그해 자란 가지를 잘라 가을이나 이른 봄에 삽목한다. 조팝나무에는 꼬리 모양의 꼬리조팝나무, 공 모양의 공조팝나무, 뭉게구름처럼 피는 갈기조팝나무 등이 있다. 주로 생울타리, 차폐용으로 심는다. 조팝나무 종류는 모두 많은 줄기가 나와 하나의 큰 포기를 이룬다.

공조팝나무

꽃 모양이 공을 닮아서 붙여진 이름이다. 흰 꽃은 작은 공을 쪼개어 놓은 것 같은 반구형이며, 4월에 가지 끝에서 핀다. 번식은 포기나누기 또는 꺾꽂이를 한다.

삼색조팝나무

계곡이나 습지 해안 지방에서 잘 자란다. 추위에 강하고 햇빛을 좋아하며, 건조에 약하다. 잎에 초록색·노란색·빨간색이 섞여 있어 '삼색조팝'라고 한다. 잎은 6월이 되면 모두 초록색으로 변하며, 9~10월경에는 노랗게 변하다가 점차 붉게 물든다. 번식은 봄과 가을에 새로 자란 자리를 잘라 꺾꽂이하고, 생울타리 또는 조경수 등으로 이용한다.

좀조팝나무

키가 작아서 작다는 뜻의 '좀'을 붙여 '좀조팝나무'라고 부른다. 꽃은 5~6월에 가지 끝에 우산 모양으로 피며, 홍백색·담홍색을 띤다. 늦가을까지 노랗고 붉게 단풍이 든다.

참조팝나무

중북부 비방의 산중턱이나 산골짜기에서 자생한다. 새로 난 가지 끝에 연분홍 또는 흰색 꽃이 한 개씩 피어 덩어리를 이룬다. 내한성이 강하며 습기가 적당한 환경을 좋아한다. 울타리용으로 심으면 뜰이 화사하다. 번식은 종자 또는 이른 봄에 새 가지를 꽂고, 가을이나 이른 봄에 그해 자란 가지를 잘라 삽목한다. 어린잎은 식용하고 뿌리는 약용한다.

조팝나무

공조팝나무(위), 삼색조팝나무(아래)

좀조팝나무(위), 참조팝나무(아래)

콩배나무

원산지 국내 중부 이남 **과명** 장미과

중부 이남의 양지바른 야산 계곡에서 자생하는 낙엽 활엽관목으로, 키는 3m 정도이며 가지에 가시가 있다. 콩알 만한 열매가 배를 닮아서 '콩배'라고 부른다. 4~5월에 흰색 꽃이 짧은 가지 끝에 5~9개씩 모여 핀다. 꽃이 풍성하고 수형이 아름다워 조경수로 인기가 많다. 추위에 강하고, 공해에도 잘 견딘다. 습기가 약간 있는 사질 양토에서 잘 자라며, 낙엽이 진 뒤나 봄에 싹이 트기 전에 이식한다. 번식은 접붙이기와 포기나누기로 하며, 가을에 종자를 채취해 젖은 모래 속에 저장해 두었다가 이듬해 봄에 파종해도 된다.

4~7월에는 붉은별무늬병(적성병)이 잘 생기므로 중간 숙주인 향나무를 2*km* 이내에 심지 않도록 한다. 10월에 검게 익는 열매는 떫고 신맛이 강하여 생으로 먹기는 어렵지만, 설탕에 절여 효소를 만들면 좋다. 한방에서는 약재로도 쓴다.

팥꽃나무 Daphne genkwa

원산지 한국, 중국, 일본 **과명** 팥꽃나무과

한국·중국·일본 등지에서 분포하는 낙엽관목으로 바닷가에서 자생한다. 높이는 1m 정도이며 가지는 검은 갈색이다. 꽃 모양이 작은 팥을 닮아 '팥꽃나무'라고 한다. 잎이 나오기 전인 3~4월경 연한 자주색 꽃이 지난해 자란 가지 끝에 핀다. 병충해에 강해 노지에 심어도 좋고, 추위와 바닷바람에도 잘 견뎌 해변에서도 키울 수 있다. 번식은 뿌리꽂이로 한다. 유독성 식물로 뿌리와 꽃에 독성이 있다. 꽃봉오리는 말려서 약재로 이용한다.

피라칸타 Pyracantha

원산지 유럽 남부, 중국 서남부 **과명** 장미과

장미과 상록관목이다. 그리스어로 Pyra는 '불꽃', Acanta는 '가시'를 뜻한다. 즉, 줄기에 가시가 있는 식물로, 꽃은 5~6월에 흰색으로 피며, 가을철 붉은 열매가 열려 이듬해 봄까지 달려 있다. 햇빛이 있는 곳에서 잘 자라며 물을 좋아한다. 물이 부족하면 잎이 마른다. 특히 화분에서 키울 때는 물을 많이 주어야 한다. 굵은 철사를 구부려 아치 모양으로 만들어 줄기를 유인해 색다른 형태를 즐길 수 있다.

콩배나무

팥꽃나무

피라칸타

피라칸타

클레마티스 Clematis

원산지 온대지방 과명 미나리아재비과

미나리아재비과의 여러해살이 낙엽성 덩굴식물이다. 정원 담벼락에 심으면 관상 가치가 크다. 홑꽃과 겹꽃이 있고, 색상·형태·크기가 다양하다. 꽃이 큰 품종은 적게 피고, 꽃이 작은 품종은 꽃이 많이 핀다. 꽃이 지고 난 뒤 일주일 이내에 맺힌 열매는 따 주어야 영양 소모가 적어 다음 해에 튼튼하게 키울 수 있다. 5~9월에 꽃이 피며, 노지 월동이 가능하다. 덩굴 줄기가 타고 올라갈 수 있도록 지주대를 세워 준다. 뿌리는 굵고 잔뿌리가 적어 과습에 약하므로 배수가 잘되고 햇빛이 잘 드는 양지바른 곳의 토양에 심는다. 번식은 꺾꽂이, 휘묻이가 있다.

비료가 많이 필요한 식물로, 가을에는 퇴비를 주고, 봄에는 비료 효과가 오래 가는 알비료와 효과가 빠른 하이포넥스 1,000배액을 월 2회 준다.

번식은 종자와 삽목으로 한다. 종자 번식은 종자를 받아서 며칠간 물에 불려서 파종하며, 발아율은 50% 정도이다. 삽목(꺾꽂이)을 하면 10~20% 정도만 뿌리가 내리는데, 뿌리가 내리지 않을 때는 발근 촉진제(Rooton, 루톤)를 사용한다. 삽목은 가을철에 그해 나온 줄기를 세 마디 잘라 아래쪽 마디 잎을 제거한 다음 30분 정도 물에 담가 두었다가 꺼내 발근 촉진제를 줄기 밑부분에 묻힌다. 이후 배수가 잘되는 흙에 심어 그늘에 놓는다. 이때 온도는 25℃ 전후, 습도는 60~70%가 알맞다.

돈나무 (유통명 : 만리향)

원산지 남부 도서 지방　**과명** 돈나무과

상록 활엽관목으로, 잎과 꽃과 열매가 아름다워 공원에 많이 심으며, 바람에 강하여 해안 지방의 방풍림으로 좋다. 공해에 강하지만 내한성이 약해 중부 지방에서는 겨울철에 온실이나 실내에서 키운다. 잎은 녹색과 무늬종이 있으며 두툼하고 광택이 난다. 5~6월에 흰색 꽃이 가지 끝에 모여 핀다. 열매는 1~1.5*cm*의 둥근 모양으로, 10월경 빨갛게 익으면서 껍질이 셋으로 갈라진다. 그 안에 붉은 점액에 싸인 종자가 여러 개 들어 있다.

보로니아 *Boronia megastigma*

원산지 호주　**과명** 운향과

호주가 원산지인 운향과의 상록관목이다. 3~5월에 흰색 · 빨간색 · 분홍색을 띤 작은 종 모양의 꽃이 핀다. 줄기와 잎에 고유의 향이 있다. 꽃이 진 뒤에 키의 1/3 정도를 잘라 주면 새순이 많이 자란다. 4~10월까지는 실외에, 11월부터 이듬해 3월까지는 실내의 밝은 창가나 베란다에서 키운다. 봄부터 가을까지 월 1회 알비료를 준다. 4~5월에 줄기를 잘라 심으면 번식 가능하다.

돈나무

보로니아

란타나 Lantana

원산지 서인도제도 **과명** 마편초과

관목으로, 잎은 작은 타원형이며 가장자리에 톱니가 달려 있다. 5월~11월까지 작은 꽃봉오리가 공 모양으로 뭉쳐 노랗게 피고, 시간이 지나면서 주황색으로 변한다. 꽃 색이 노란색·주황색·연분홍색·빨간색·흰색 등 다양하며, 시간이 지남에 따라 계속해서 7가지로 변하기 때문에 '칠변화七變花'라고도 부른다. 햇빛을 많이 필요로 하며, 봄~가을까지는 실외에서 키우고, 11월 중순경에 실내로 옮겨 최소 10℃ 이상 되는 곳에서 월동 가능하다. 물은 봄~가을까지는 흠뻑 자주 주고, 겨울에는 흙이 마르지 않을 정도로 준다. 건조하면 잎 뒷면에 흰 나방이 붙어 즙액을 빨아먹어 결국 잎이 떨어진다. 또한 식물 전체에 독이 있는 것으로 알려져 있다. 번식은 꺾꽂이로 하며, 가을에 새로 난 가지를 잘라서 젖은 흙에 꽂으면 뿌리가 내린다. 꽃이 핀 가지는 꽃이 진 뒤 가지를 잘라주면 곁가지가 나와 풍성해지고 다시 꽃이 핀다.

브룬펠시아 Brunfelsia

원산지 아메리카 **과명** 가지과

아메리카가 원산지인 상록소관목이다. 꽃은 3가지 색상 즉 진한 보라색에서 연보라색을 거쳐 흰색으로 변해 가며 시들고, 재스민과 같은 향기가 진하다. 잎은 어긋나고 딱딱하며 윤기가 있다. 생육 적온은 16~30℃이며 반직사광선에서 잘 자란다. 물은 겉흙이 마르면 충분히 준다. 추위에 약하므로 늦가을에는 실내에 들여 놓는다. 비료는 봄과 가을에 월 1회 준다. 가지치기는 꽃이 진 뒤 7~8월에 실시하며, 강한 가지나 긴 가지를 자르면 새순이 나와 다시 꽃이 핀다.

아잘레아 Azalea

원산지 중국 중부지방 과명 진달래과

중국산 철쭉과 일본산 철쭉 교배종인 왜성 상록관목이다. 철쭉 또는 진달래의 일종이며 유럽에서 육종한 것으로서 '양철쭉'이라고 부른다. 잔가지가 많고 갈색 털이 있으며 꽃은 4~5월에 가지 끝에서 붉은색 · 흰색 · 분홍색 등으로 핀다. 꽃이 피었을 때 반직사광선에 두면 수명이 길어진다. 활짝 핀 꽃은 시들기 직전 따 주면 보기에도 좋고 영양분 손실도 막을 수 있다.

뿌리가 가늘고 토양 표면에 얕게 분포되어 있어 건조에 약하므로 물을 항상 촉촉하게 주고, 꽃이 많이 피었을 때는 충분히 준다. 꽃잎에 물이 닿으면 얼룩 반점이 생기므로 주의한다. 온도가 조금 높아지면 꽃이 쉽게 지고 잎이 마르므로 여름철은 반직사광선의 시원한 곳에 두어야 한다. 통기성이 꽃나무 중에서 가장 많이 필요하다. 봄과 가을에는 직사광선에, 여름에는 나무 그늘 아래에서 키우고 햇빛에 3시간 이상 노출되지 않도록 한다. 생육 적온은 15~25℃이며 월동 온도는 5℃이다. 더위에 약하고 특히 여름철 밀폐된 공간에서는 온도가 상승해 곰팡이가 발생하거나 세균이 번식할 수 있으므로 환기에 특별히 신경 쓴다. 분갈이는 2~3년마다 꽃이 진 뒤 해 준다.

보수력이 있고 배수가 잘되는 부엽토와 모래를 같은 비율로 섞은 약산성(pH 5.0) 토양에서 잘 자라

며, 알칼리성 토양에서는 잎이 누렇게 변하고 생기가 없어진다. 비료는 잘 썩은 깻묵가루를 월 1회 토양 위에 뿌리거나 화분 위에 알비료를 올려 준다. 알비료는 꽃이 피기 시작하면 제거하고 꽃이 진 뒤 다시 올린다. 꽃이 진 뒤에는 웃자란 가지를 잘라 준다. 번식은 종자 또는 줄기꽂이로 하며, 6월 상순 줄기를 잘라 모래에 꽂는다.

7월 이후 전정과 전지를 해 주면 꽃눈이 분화되지 않으므로 꽃이 지는 6월 중순경에 한다. 장마철에는 뿌리가 썩지 않도록 습도 관리에 유의하고, 토양은 물 빠짐과 통풍이 원활한지 살핀다. 벽돌 위에 화분을 올려놓으면 통풍이 잘된다. 이듬해 꽃봉오리를 잘 맺게 하려면 햇빛을 충분히 쬐어 준다. 토양에 돌이나 이끼를 올리면 곰팡이나 벌레가 발생할 수 있으므로 마사토를 올리는 것이 좋다. 아잘레아를 구입할 때 꽃봉오리가 많이 맺혀 있으면서 한두 송이가 피어 있는 것을 선택하면 오랫동안 꽃을 볼 수 있다.

이듬해에도 꽃을 보고 싶다면

- 꽃이 시들면 물의 양을 1/2로 줄인다. 꽃이 피었을 때와 같은 양을 주면 뿌리가 썩는다. 흙이 약간 말랐을 때 준다.
- 복합 액체 비료를 물에 1천 배 희석해서 준다. 또는 봄과 가을에 알비료를 1~2개 올려놓는다.

월	1월	2월	3월	4월	5월	6월	7월	8월	9월	10월	11월	12월
발달		개화 중			새순이 자란다 (1차 적심)		꽃눈이 생긴다				휴면	

아잘레아 발달 시기

순지르기 하기

- 6월 하순~7월 상순경 새눈 끝에 꽃눈이 생기기 시작해서 10월 중순에 완성된다.
- 2차 순지르기는 6월 중순 이후에 하면 꽃눈이 생기지 않고, 더 늦으면 꽃눈을 제거하게 된다.
- 서리가 내리기 전에 실내에서 키운다. 흙이 마르면 물을 주고 하루에 1~2회 분무해 주면 3~4월에 꽃이 핀다.

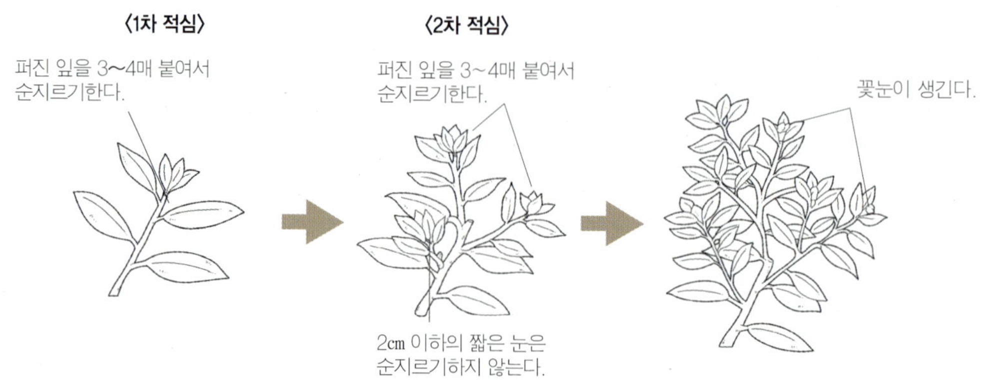

서양철쭉과 왜철쭉 비교

	서양철쭉Azalea	왜철쭉Rhododendron
내한성	추위에 약해 분화용으로 이용	강하다(남부지방에서는 정원에 이용)
꽃	겹꽃	홑꽃, 반겹꽃
월동	월동 불가능	월동 가능
품종	육종(키 15cm의 초왜생종 소품 분화)	기리시마 철쭉, 사쯔기 철쭉(영산홍 철쭉)

철쭉과 진달래 비교

	철쭉	진달래
꽃	옅은 분홍색 꽃잎 안쪽에 붉은 갈색반점이 뚜렷하다. 독성이 있고, 5~6월에 핀다.	옅은 홍색 꽃잎에 반점이 희미하다. 식용으로 이용되며, 3~4월에 핀다.
잎	꽃보다 잎이 먼저 핀다. 털이 있다.	잎보다 꽃이 먼저 핀다. 털이 없다.
꽃받침	끈적끈적하다.	끈적거리지 않는다.
높이	작다.	크다.
분류	반낙엽성(꽃눈 주변에 작은 잎들이 달려 있다.)	완전낙엽성

양골담초 Scotch broom

원산지 유럽 남부 과명 콩과

콩과의 소관목으로, '금작화', '에니시다'라고도 한다. 레몬향이 나서 허브식물로 분류하기도 한다. 생육 적온은 15~20℃이며, 잔뿌리가 적어 분갈이할 때 특히 주의해야 한다. 한여름 강한 햇빛이 드는 곳은 피하고 밝은 그늘에 둔다. 다습한 환경을 좋아하므로 물을 자주 준다.

에리카 Erica

원산지 남아프리카, 북유럽 과명 진달래과

상록소관목으로 키는 1m 정도로 자라고, 곁가지가 잘 생겨 잘 퍼진다. 겨울부터 이른 봄까지 가지 끝에서 종 또는 항아리 모양의 작은 꽃이 아래를 향해 촘촘하게 핀다. 꽃은 흰색·분홍색·붉은색 등을 띤다. 잎은 부드러운 바늘 모양으로 가늘어 물을 많이 주어야 한다. 가지가 마르면 전체가 다 말라 버리므로 평소 물이 마르지 않도록 관리한다. 생육기인 봄에는 충분히, 여름에는 적게 주어야 꽃눈이 잘 생긴다. 봄·가을·겨울에는 직사광선에서 키우고, 여름에는 반직사광선에 두어야 꽃이 잘 핀다. 생육 적온은 10~20℃이고, 월동 온도는 5℃로 추위에 강하다. 피트모스와 모래를 섞은 산성 토양에서 재배하며, 월 2회 1,000배 희석한 액체 비료를 준다. 꽃이 진 뒤 가지를 잘라 준다. 번식은 휘묻이, 포기나누기, 줄기꽂이로 한다. 분갈이를 할 때 뿌리가 다치지 않게 주의한다.

캐롤라이나 재스민 Carolina jasmine (유통명: 개나리재스민)

원산지 중남미 과명 물푸레나무과

중남미가 원산지인의 반덩굴성 여러해살이 식물이다. 노란색 꽃 모양이 개나리를 닮았고 꽃향기가 재스민과 비슷하다고 하여 붙여진 이름이다. 잎이 얇고 꽃이 많이 피므로 물을 자주 준다. 물을 주지 않아 말라서 죽는 경우가 많다. 가능한 한 빛이 많이 드는 곳에서 재배하면 꽃이 많이 핀다.

　10℃ 이상에서 생육이 가능하다. 잎이 얇고 꽃이 많이 피므로 물을 자주 준다. 꽃이 지면 즉시 꽃봉오리를 따 주어야 씨가 생기지 않아 건강한 포기가 만들어진다. 봄·가을·생장기에는 복합비료를 준다. 전정은 8월 말까지 한다. 그 이후에 자란 줄기에는 꽃눈이 있어 9월 이후에는 줄기를 자르지 않는다.

양골담초

에리카

캐롤라이나 재스민

실외 화단 조성하기

Healing Garden

화단 조성하기

화단 재배는 노지에서 땅의 기운을 받으며 자라는 것이므로 일반 화분에서 자라는 것보다 더 건강하고 꽃도 크게 많이 핀다. 화단을 조성하기 위해서는 토양·햇빛·수분 상태 등의 환경 조건을 고려하여 적합한 식물을 선택하여 식재한다. 또한 식물의 크기·형태·색상·개화기를 잘 알아 두어야 한다.

화단 환경

토양

물 빠짐이 잘되고 유기질이 풍부한 약산성 토양이 좋다. 딱딱한 흙은 갈아 엎어 주면 당장은 푸석푸석해지고 부드러워지지만 비를 맞으면 다시 딱딱해진다. 따라서 퇴비·피트모스·낙엽 등 유기물을 섞어 부드러운 상태가 오래 지속되도록 한다. 유기물은 흙 속에서 부식되는데, 이것이 흙의 작은 입자를 잡아당겨서 단립 구조를 입단 구조(떼알 구조)로 만들어 틈이 생기게 되는 것이다. 그러나 점점 분해되어 식물의 양분이 되면서 본래의 단립 구조(홑알 구조)로 돌아간다. 따라서 적어도 1년에 한 번 유기물을 공급해 준다.

| 논흙 | 진흙 | 피트모스 |
| 부엽토 | 무기질 비료 | 유기질 비료 |

햇빛

하루 10시간 이상 직사광선이 비추는 곳에서는 해바라기 · 맨드라미 등 초화류를 심고, 6시간 이상 비추는 반직사광선에서는 임파첸스 · 꽃베고니아 등이 적절하고, 교목류의 잎이나 가지 사이에서 비추는 약광선에서는 옥잠화 · 수호초 등을 심는다.

수분

장마철에는 비를 그대로 맞기 때문에 수분이 과다해질 수밖에 없다. 그러면 뿌리에 산소 공급이 안 되기 때문에 뿌리의 호흡 작용이 나빠져서 결국 뿌리가 썩게 된다. 그러므로 물 빠짐이 잘되도록 신경 써야 한다. 토양의 수분 상태를 확인하고, 건조 · 과습 · 척박 · 비옥도에 따라 적절한 상태로 토양을 개량한다.

화단의 종류

계절 화단 seasonal bed

이른 봄 수선화 · 튤립 · 히아신스 등 알뿌리 식물을 심은 다음 시들면 캐내고, 한해살이 꽃들을 계속해서 심는 방식이다. 꽃이 지면 캐낸 다음 계절에 맞는 다른 꽃을 지속적으로 심어 계절별 꽃밭을 만들기 때문에 늘 아름답고 화려한 화단을 유지할 수 있다. 하지만 지속적으로 식물을 구입해야 하므로 비경제적이다.

물망초, 비올라 등으로 꾸민 봄 화단

클레오메, 메리골드로 꾸민 여름 화단

여우꼬리, 그라스 등을 이용해 꾸민 가을 화단

꽃양배추를 이용해 꾸민 겨울 화단

혼합 화단mixed bed

사계절 보는 철쭉 등의 관목 · 여러해살이 꽃 · 지피식물 등을 섞어 심는 것으로, 매년 꽃을 감상할 수 있어 경제적이다.

초본식물 화단herbaceous border

나무 없이 한해살이 · 야생화 · 여러해살이 꽃 · 풀 등으로 꾸미는 방식이다.

화단에 적합한 꽃의 종류

개화 기간이 긴 한해살이

페튜니아, 임파첸스, 제라늄, 아게라텀, 콜레우스, 한련화, 꽃베고니아, 메리골드, 맨드라미, 일일초, 백일홍, 천일홍.

개화 기간이 긴 여러해살이

옥잠화, 패랭이, 나리, 벌개미취, 붓꽃, 톱풀꽃, 꽃잔디, 설악초.

야생화

금낭화, 기린초, 꿩의비름, 아스틸베, 동자꽃, 둥글레, 매발톱꽃, 백리향, 비비추.

표 5-1 계절별 초화류의 종류

종류	개화 시기		초화류
봄 화단	3~5월	**구근류**	무스카리, 히아신스, 백합, 크로커스, 수선화, 알리움
		초화류	물망초, 알리섬, 루피너스, 프리뮬러, 팬지, 금어초, 금잔화, 꽃잔디, 데이지, 패랭이, 양귀비, 복수초, 노루귀, 미나리아재비, 할미꽃, 매발톱꽃
여름 화단	6~8월	**구근류**	칸나, 글라디올러스, 알리움, 백합
		초화류	숙근버베나, 콜레우스, 옥잠화, 채송화, 일일초, 작약, 페튜니아, 한련화, 해바라기, 과꽃, 꽃베고니아, 임파첸스, 메리골드, 백일홍, 루드베키아, 천인국, 종이꽃
가을 화단	9~10월	**구근류**	다알리아, 상사화, 꽃무릇
		초화류	접시꽃, 맨드라미, 포인세티아, 코스모스, 메리골드, 클레오메, 아게라텀, 과꽃, 천일홍, 샐비어, 빈카,
겨울 화단	11~12월		꽃양배추, 갯쑥부쟁이, 털머위, 큰꿩의비름

지피식물

바위취, 돌나물, 맥문동, 사사, 수호초, 아주가, 리시마키아.

관목

철쭉, 주목, 회양목, 사철나무, 화살나무, 매자나무, 조팝나무, 백당나무, 황금측백나무, 오색버드나무.

화단 식재 요령

뿌리 길이가 길고 짧은 것을 함께 식재한다

뿌리가 깊게 뻗은 알뿌리와 얕게 퍼지는 팬지를 같이 심는다. 예) 튤립, 수선화.

여러 색상의 잎과 함께 식재한다

흰색의 백묘국, 은회색의 램스이어 또는 설악초, 붉은색 · 노란색 · 검은빛을 띠는 콜레우스 등과 함께 심는다.

자수 화단 : 초록색 옷감 위에 아름다운 수를 놓은 것처럼 보이는 자수 화단은 잔디 위에 다양한 색상을 지닌 낮은 키의 초화류로 만든 화단이다. 잔디 위에 다양한 색상의 초화류가 선과 형태로 윤곽을 나타낸 모습이 꽃물결이 일듯이 리듬감이 있어 화려하고 생동감 넘친다.

꽃의 색으로 원근감을 준다

델피니움·니켈라 등 청색 또는 보라색 계열의 차가운 색상의 꽃을 심으면 화단이 넓어 보이는 효과가 있다.

개화기를 다르게 하여 심는다

무스카리·크로커스 등 개화기가 빠른 구근류와 개화기가 늦은 천일홍을 함께 심는다.

생장 속도가 왕성한 식물 옆에 심으면 생육이 억제된다

목마가렛은 생장 속도가 빠르므로 다른 종류의 식물과 같이 심지 않는다.

유사색과 보색을 이용하여 식재한다

- 유사색으로 조합하면 편안한 느낌을 준다. 예) 빨간색 맨드라미, 주황색 메리골드, 노란색 장미
- 보색으로 조합하면 서로 강한 대비를 주어 화려한 느낌을 준다. 예) 주황색 양귀비, 보라색 수레국화

유사한 색의 식물로 화단을 구성하면 편안한 느낌을 준다.

화단의 면적에 따라 식재를 달리한다

화단의 면적이 작을 때는 복잡한 형태보다 단순한 형태로, 여러 종류보다 3~4종류를 식재해야 통일감이 있다. 산만하지 않도록 배치하고 높낮이를 다르게 하여 리듬감을 준다. 반대로 화단의 면적이 클 때는 팜파스 등의 그라스류 또는 설악초·콜레우스 등 무늬가 있는 반입 식물과 혼합하여 심는다.

직립형·로제트형·지피형을 적절하게 배치하여 식재한다

직립형

크고 위로 자라는 모양이 높이감을 주어 시선을 끈다. 예) 디기탈리스, 접시꽃, 리아트리스.

로제트형

뿌리에서 나오는 잎이 지상에서 방사형으로 퍼진 형태로, 둥근 모양이나 물결 모양의 흐름을 연출한다. 예) 안개꽃, 꽃잔디.

지피형

지표면을 기는 형태로 직립형과 로제트형 사이에 식재하고 화단 가장자리에 배치한

다양한 식물이 조화를 이룬 화단

다. 예) 빈카마이너, 리시마키아.

화단 식재 순서

1 돌이나 자갈 등 이물질을 제거한다.
2 땅을 30㎝ 깊이로 판다.
3 완숙 퇴비를 충분히 넣어 준다. 완숙 퇴비는 토양을 부드럽게 하고 보수성과 통기성을 높여 뿌리의 활동을 활발하게 한다.
4 발효 유기질 비료를 충분히 넣은 다음 배양토와 복합비료를 넣고 골고루 섞어 준다.
5 꽃잎이 탐스러운 수국을 한쪽에 먼저 심는다.
6 메리골드와 임파첸스(아프리카 봉선화)를 각각 분류해 심는다. 두 가지 이상의 꽃을 섞어 심는 것보다 종류별로 모아 나눠 심는 것이 한결 깔끔해 보인다.

7 흙을 채우고 가볍게 눌러 준다.

8 물을 충분히 준다. 화초 잎에 흙탕물이 튀거나 뿌리가 노출되지 않도록 천천히 준다.

9 월 2회 복합비료를 준다. 시든 꽃은 즉시 잘라 주어야 곁가지의 봉오리가 잘 피어
  나고 병충해 예방에도 도움이 된다.

Haeling Garden
참고 문헌

김자원, 난, 내외출판사, 1991

김혜숙 외, 실내 원예, 김영사, 2004

손기철, 실내식물이 사람을 살린다, 중앙생활사, 2009

곽병화 외, 신제 가정 원예, 향문사, 1996

Iwami, E., Water Gardening, 동학사, 2006

Hamlyn, Small Gardens for Modern Living, Hamlyn, 2001

John, B., Indoor Garden, Dorling Kindersley, 1986

McDaniel, G.L., Oriental Horticulture, New Jersey:prentice-Hall Co.

Yasuko Tanaka, 무공해 채소&허브, 보누스, 2005